심령과학 시리즈 6

유체이탈

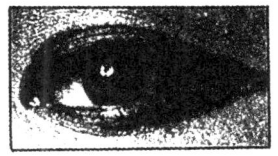

실봔 멀두운 / 저
김 봉 주 / 역

瑞音出版社

머 리 말

내가 처음으로 유체이탈(幽體離脫)을 경험해 본 것은 겨우 12살 때였다. 그때는 너무 어리고 정신적으로 미숙했었기 때문에 그 중요성을 알지 못했다. 그리고 그러한 일이 무의식중에 자주 일어나서 드디어 나는 그 일에 아주 익숙해 버렸기 때문에 사실 그러한 것이 특별한 일이라고 생각되지 않았으며, 따라서 관심있는 사람들은 자꾸 기록해 두라고 했지만, 기록은 고사하고 식구들에게 조차도 좀처럼 말하지 않았다.

그러나 유체의 의식적 이탈은 특수한 것이 아니라, 누구든 마음대로 그것을 할 수 있다는 말을 들었을 때 나도 그것을 마음대로 해낼 수 있기를 바랐으며, 한편 그렇게 할 수 있는 사람들을 부러워하게 되었다. 그래서 나는 이같은 이탈현상을 스스로 해낼 수 있는 사람을 찾기 시작했다. 그러나 그것은 헛수고로 끝났고, 결국 그러한 사람을 발견한다는 것은 있을 수 없다는 결론을 내리게 되었다. 그리하여 나는 그 현상을 직접 실험하기 시작했다. 이 책에서 여러분들은 그 실험 결과를 보게 될 것이다.

우리는 아직 21세기를 10년도 못남기고 첨단과학 시대라는 현대에 살고 있지만, 아직도 중세적(中世的)인 편협성을 버리지 못하고 있다. 따라서 내가 여기서 말하는 것에 대해 많은 사람들은 선입견을 가지고 읽으리라 생각된다.

이 글은 신비학(神秘學) 연구가들에게 나의 실험에서 얻은 결과를 전하고자 쓴 것이다. 불행히도 많은 신비학자(神秘學者)들은 바로 꿈과 같은 것을 의식적 유체이탈이라고 주장하고 또 그렇게 믿고 있다.

나는 사람들이 의식적 유체이탈이란 것을 믿기 전에 우선 경험을 해 보아야 된다는 사실을 잘 알고 있다. 그래서 만일 내가 그것을 경험하지 않았더라면 나 자신 사실은 그것을 받아들이지 않았을 것이며, 또 그것이 사실임을 몰랐을 것이라는 것을 솔직히 고백하는 것이다. 대부분 회의론자(懷疑論者)들은 이렇게 말한다.

"내게 증거를, 객관적 증거를 보여라. 그러면 나는 믿을 것이다."

이에 대해 유체이탈 경험자는,

"객관적 증거는 얻을 수 없다. 직접 경험해 보아야 한다. 그것이 바로 증거가 되는 것이다."

라고 대답한다. 그러나 그것이 꿈이 아니라는 것을 체험자가 회의론자에게 증명하지 못해 일어나는 논쟁은 아무런 소용이 없다. 왜냐하면 회의론자 역시 그것이 꿈이라는 것을 증명하지 못하기 때문이다.

내가 한 가지 분명히 말하거니와 직접 체험해 보라는 것이다. '빵이 어떻다는 것은 먹어 보아야 안다'…… 증거가 필요하다면 그것을 직접 체험해 보아야 한다.

만일 그것을 어떻게 체험할 수 있느냐 하는 것을 알고 싶어한다면 나는 그 방법을 알려 주겠다. 그 이상은 나로서도 어쩔 수 없는 일이다.

이 책에서 나는 나의 여러가지 경험을 서술했다. 그러나 여기에 쓴 체험들이 내가 체험했던 전부를 나타낸 것은 아니다.
　이 정도 크기의 책으로서는 그 모든 것을 설명하기란 거의 불가능하기 때문이다. 그러나 여기에 기록된 경험들이 대수롭지 않은 것이었다면 이러한 지식을 집대성(集大成)하지는 못했을 것이다.
　보통 사람들은 대개 남의 경험에는 별로 관심을 기울이지 않는다. 그러나 자기 자신의 경험에는 많은 관심을 갖는다. 그래서 나는 이 책을 쓰면서, 바로 그런 현상들이 어떻게 하여 생겨나는가를 독자들이 안다면 남의 체험을 읽기만 하고 무시하지는 못하리라는 것을 미리 예상했다.
　이미 말한 바와 같이, 많은 사람들이 내 말을 편견없이 읽으리라고 믿을만큼 내가 낙관적이지는 못하지만, 아무도 내가 대충 말한 이 방법들을 자기들이 양심적으로 철저히 실험한다면 아무 성과도 얻지 못했다고 할 사람은 없다고 믿을만큼은 낙관적이다.
　이 책을 이성(理性)에 의해서만 판단하려고 하지 말라. 경험에 의해 판단하라.
　나는 누구에게도 내가 쓴 것이라 해서 내 주장을 전적으로 인정해 주길 바라지는 않는다. 다만 내 말을 체험해 보라는 것이다.
　나는 생령(生靈) 또는 사령(死靈)을 믿기 때문에 '미신적(迷信的)'이라고 비난을 받았다. 그러나 일반적으로 나를 비판하는 사람들도 다른 문제에 대하여 그 자신도 미신적임을 나는 알고 있다. 최근에 교회에 다니는 어떤 사람이, 육체 안에 유체를 가지고 있다는 것을 어떻게 나나 다른 어떤 사람들이 믿을 수가 있는가를 이해할 수 없다고 나에게 말했다. 그런데 바로 이 사람은 성경을 철두철미——그리스도가 죽을 때 영혼을 버렸다는 것까지도——믿는다고 공언하고 있는 것이다.

또 한편, 유물론자들은 누군가가 마음이 뇌(腦)와 떨어져 존재할 수 있다는 것을 믿는다면 그것은 미신이라고 주장해 버린다. 그들의 이론은 간장이 담즙을 '만드는' 것과 똑같이, 뇌가 생각을 '만드는' 것이라는 것이다.

그런데 유물론자들(뇌가 생각을 만든다는 것을 증명하지 못하면서…)은 자기들의 주장을 증명하지 못한다는 것은 망각한 채, 영혼주의자들에게만 증거를 요구한다.

만일 당신들이 유물론자들로 하여금 증거를 대라고 강요한다면 그들은 당신들에게 시험에 의하여(시험에 의해 라는 것을 기억해 둘것) 뇌가 생각을 낸다는 것이 증명되어지고 있다고 말하리라. 그것이 바로 영혼주의자들이 당신들에게 할 말이다.

즉, 뇌가 생각을 내는 것이 아니라는 것을 시험에 의하여 증명된다면 유물론자나 영혼주의자나 똑같이 '이성(理性)'을 집어 치우고 시험에 의해야만 된다.

내가 독자들에게 요구하고 싶은 것과, 또 내가 글을 쓴 보람을 확신하는 것은 그것뿐이다. 이성을 버리고 체험해 보라는 것, 내가 바라는 것은 이 책에서 내가 말한 방법에 의하여 성과가 대수롭지 않은 것이라 할지라도 성공한 사람이면 누구나 나에게 그 성과를 알려 달라는 것이다. 왜냐하면 나는 증거를 수집하고 싶기 때문이다.

실반 멀두운(Sylvan Muldoon)

유체이탈 • 차례

머리말 ——————————————— 7

서 장 이 책을 읽기 전에

1. 이책을 읽기 전에 ——————————— 16
2. 이 책이 쓰여진 경위 ——————————— 19
3. 멀두운씨의 편지초(抄) ————————— 33

제1장 유체의 실존과 이탈의 현상

1. 유체이탈의 현상 ———————————— 38
2. 나의 첫 의식적 유체이탈 ————————— 44

제2장 유체이탈의 유형과 제현상

1. 유체이탈의 유형 ———————————— 52
2. 실족에 의한 이탈 ———————————— 61

제3장 유체의 외형화(外形化)

1. 외형화 되는 유체의 모습 ————————— 68

제4장 유체이탈에 의한 여러가지 꿈

　　　　　1. 꿈과 유체이탈과의 관계 —————— 78

제5장 육체와 유체의 감각관계

　　　　　1. 감각의 변태성과 이중감각 —————— 88

제6장 꿈과 유자(幽姿) 및 기질에 대해서

　　　　　1. 육체적 탄생과 유체이탈의 신비 —————— 98

제7장 혼줄의 연줄기관과 우주에너지

　　　　　1. 우주에너지의 치유능력 —————— 106
　　　　　2. 단식과 우주 에너지 흡입 —————— 115

제8장 이탈을 위한 꿈의 조절

　　　　　1. 꿈 조절과 이탈 —————— 124

제9장 잠재적인 욕구와 이탈

　　　　　1. 이탈과 잠재적인 욕구 —————— 132

제10장 적당한 무기력과 스트레스의 필요성

　　　　　1. 적당한 무기력과 스트레스의 필요성 —————— 148

제11장 맥동의 조절과 자의식의 증진

    1. 맥동과 무기력의 조절 ——————— 166

제12장 의식적 이탈과 무의식적 이탈

    1. 의식적 이탈과 무의식적 이탈 ——————— 178

제13장 비의식(秘意識)과 초의식(超意識)

    1. 지박령의 재출현과 비의식과의 관계 ——— 188

제14장 유체의 구성과 상념의 영향

    1. 비의식 의지와 현재의식 의지 ——————— 210
    2. 꿈속에서 낸 고음(叩音) ——————— 217

제15장 빙의·몽체·투시몽·죽음

    1. 빙의·몽체·투시몽·죽음 ———————236

제16장 결 론

    1. 누구나 이탈할 능력을 갖고 있다 ——————248

서 장
이 책을 읽기 전에

1. 이 책을 읽기 전에

　유체(幽體)라고 하는 복체(複體) 즉, 육체와 유사한데 보통때는 육체와 똑같은 하나의 에테르체라고 할 수 있다. 이 유체는 육안(肉眼)으로 보이지 않는 반유동체(半流動體)로서 희미한 물질형태로 되어 있다고 생각된다.
　그것은 지난날 에테르체·정신체·심령체·욕망체·방사체(放射體)·부활체·복체·발광체·유체(流體)·섬광체·유령체 등 여러 가지 다른 이름으로 표현되어 왔다.
　근래의 접신학(接神學)에서는 이같이 여러 가지로 구분되어 왔으나, 우리가 현재 바라는 바는 그러한 구분보다도 유체(astral body)라고 할때 '희미한 어떤 형체'라고 생각하면 될 것이다.
　널리 일반적으로 알려진 바는 인간에게는 누구나 심장·뇌·간장 등이 있듯이 유체가 있다는 것이다. 사실 유체는 육체보다도 더 '진짜 사람'인 것이다.
　왜냐하면 육체는 물질에 기능이 구속된 기계에 불과하기 때문이다. 그러나 유체를 사람의 혼(魂)이라고만 생각해서는 안된다. 그것은 너무나 흔한 오해인데, 유체는 혼의 매체(媒體)라는 것이다. 마치 육체가 실질적으로 하나의 매질(媒質)인 것같이…….

물론 마음을 어떤 두뇌적 활동의 산물(產物)로 보는 유물론자들에게는 그러한 이론이 우스꽝스럽게 보일 것이다. 그러나 이 책은 유물론자들을 위해 쓴 것이 아니고 어떤 초상화(超常化) 현상의 실제성과 적어도 유체에 대한 이론적 가능성을 믿는 사람들을 위한 것이다.

그러한 것을 연구하는 모든 사람들에게 이 책은 진정으로 가치가 있고, 유익한 지식을 안겨 줄 보고(寶庫)임을 나는 확신하는 바이다.

잠이 깬 완전한 의식상태에서의 유체는 육체와 일치하고 있다. 그러나 잠자고 있을 때는 유체가 다소간 빠져나와 보통 육체 위를 떠돌기 때문에 의식도 없으며 조절도 안된다.

또 같은 모양으로 혼수상태·졸도·실신(失神)·마취때에도 육체에서 빠져나온다. 이렇게 빠져나올 경우 자동이탈, 즉 무의식적 이탈이라고 한다.

이와는 반대로, 사람이 자기 육체를 '떠나고자'하여 실제로 육체를 떠나게 되는 의식적 이탈, 즉 자의적 이탈을 볼 수도 있다. 그런데 그 사람은 육체와는 완전히 분리되어 의식은 자기의 유체에 있게 된다. 그리하여 그는 자기 자신의 육체를 내려다보기도 하고 자기가 이제까지 보지 못했던 곳을 구경하거나 찾아 다니며 마음대로 여행을 할 수가 있다. 따라서 그는 가보고 여행해 봄으로써 문제가 되는 이러한 경험의 진실성을 증명할 수가 있다.

또 그가 유체에 완전히 의식을 집중할 때 비상한 힘을 갖는다. 그는 의지에 의하여 자기 육체로 되돌아 갈 수도 있고, 또 어떤 충격이나 경탄 등의 이유때문에 자동적으로 다시 유체에로 끌려 들어가기도 한다.

유체와 육체는 항상 끈같은 것에 의해 연결되어 있는데,

거기에는 생기(生氣)가 흐르고 있다. 만일 이 줄이 끊어진다면 금방 죽음이 초래된다.

유체이탈과 죽음 간의 유일한 차이는 그 줄이 완전한가, 아니면 끊기었는가에 있다. 이 줄──구약 전도서에서 말하는 '은줄'(銀系) 혹은 혼줄──은 신축성이 있으므로 얼마든지 늘어날 수가 있다. 그것은 유체와 육체를 본질적으로 연결하고 있는 것이다.

이상은 유체와 그 이탈에 관한 대체적이고도 아주 간략한 학설의 핵심이다.

그리고 이 문제에 대한 문헌이 꽤 많지만, 나는 어디에서도 과학적으로 가치있는 자료를 발견하지 못했다(무엇보다도 유체이탈법에 대하여).

만일 그러한 사람이 실제로 존재하고 자발적으로 이탈되어질 수 있다면──많은 사람들이 가능하다고 하듯이──어찌하여 그런 것에 관하여 별로 알려지거나 실제적으로 출판되지 않았는가?

사람들은 유체가 이탈한다거나 마음대로 유체이탈을 할 수 있다거나, 또 스스로 경험할 수도 있다고들 하지만, 실제로 그것이 어떻게 이루어지는가 그 상세한 과정에 대해서는 모르고 있다. 때문에 다른 사람들에게 이야기해 주지를 못한다.

그러므로, 이 책의 위대한 가치는 그러한 지식을 처음으로 이 세상에 심어 주는데 있다. 여기에서, 우리는 심령과학자들이 수년간 기대해 왔던 지식을 제공할 수 있는 최대의 가치있는 책을 갖게 되었다고 생각하지 않을 수 없다.

2. 이책이 쓰여진 경위

나의 저서 《현대의 심령현상(*Modern Psychical Phenomena*)》에서 나는 M·찰스 란세린의 유체이탈 경험의 글(뒤에서 좀더 자세히 다루어질 것임)에 대하여 쓴 일이 있었다.

나는 이 자료를 나중에 낸 책인 《심령의 발달(*High Psychical Development*)》에서 비교적 상세히 다루었다.

이것은 다른 어떤 책도 거의 추종을 불허하는 것이었지만, 나는 항상 그것이 불충분하다고만 느껴 왔었다. 그러던 중 1927년 11월 실반 멀둔씨로부터 다음과 같은 편지를 받았다.

—— 최근에 저는 선생님의 책 《밀교와 심령과학》을 읽었습니다.……저는 선생님의 글 중 '유체이탈'에 대하여 대단히 흥미를 느꼈습니다. 왜냐하면 저는 12년 동안 '이탈 경험자'였기 때문입니다. 저는 이 세상 다른 사람들이 누구나 그러한 것을 경험하고 있다고 오래 전부터 생각하고 있었습니다……그런데 저로 하여금 가장 어리둥절케 하는 것은, 실제 그 문제에 대하여 알려진 것은 자기뿐이라고 란세린씨가 말했다는 선생님의 말씀이었습니다. 캐링턴 선생님! 제가 란세린씨의 글을 읽어 보지는 못했습니다만, 선생님께서 그 요지를 책으로 쓴 것이라 한다면 저는 란세린씨가 모르고 있는

일들에 대하여 한 권의 책을 쓸 수 있겠습니다.

저는 란세린씨가 사실상 의식적 이탈자인지 어쩐지 궁금합니다. 선생님이 쓰신 것으로 보아서 란세린씨는 완전 이탈을 시키지 못한 것이 아니면, 그의 피술자(被術者)들이 실제로 해보이는 중 분명한 의식상태에 있지 않은 것이 합당하지 않습니까? 만일 란세린이나 그의 피술자들이 분명한 의식상태에 있었다고 한다면 그들이 그 현상에 대하여 낱낱이 설명하지 못했겠습니까? 물론 했을지도 모릅니다. 그러나 그들은 설명을 못하고 있습니다. 저는 이제 그 모든 것을 경험해 보았습니다. 그래서 감정 하나하나, 동작 하나하나, 유체가 육체를 이탈해 나가고 들어오고 다시 합쳐졌을 때 분명한 의식상태에서 갖는 갖가지 자세한 것을 알고 있습니다.

제가 극히 놀랍게 여기는 것은 전현상(全現像)의 기초가 되는 생명줄(astal cord)에 대하여 별로 아는 바 없다는 것입니다. 란세린의 피술자들은 이 줄에 대하여 검토해 보거나 그것을 보지도 못한 것 같지 않습니까? 이 줄이 어떻게 작용하는가, 또 이 줄이 어떻게 유체를 고정시키는가? 또는 떠돌아다니게 하는가에 관해서는 아무 말도 없습니다. 양체(兩體)가 거의 일치해 있을 때 그것은 얼마나 크며, 어떤 거리(제가 정확히 측정한)에서의 그의 크기와, 저항력은 어떻게 줄어드는가 등등, 유체는 마치 바람에 흔들리는 것처럼 나타난다고 말하고 있습니다만, 이것의 원인이 무엇인가에 대하여는 말을 못하고 있습니다…… 란세린은 주요 요인이 되는 장치인 생명줄을 어떻게 조절하는가에 대하여는 설명하고 있지 않습니다.

유체는 태양신경총(神經叢)으로 부터 나타난다——그것은 사실이 아닙니다——고 그는 말합니다…… 그는 또 유체로서 보고 들리는 갖가지 정도, 그것이 어떻게 떠돌아 다니며 또는 어떻게 하여 돌아다니지 못하는 상태로 되돌아 가는가 등에 대하여 말하고 있지 않습니다…… 이탈 과정에 대하여 의지력이 지나치게 강조되고 있습니다. 이를 성공시키는 데에는 의지력 외에도 다른 방법들이 있습니다. 사실 몇 가지 다른 방법이 있습니다. 유체이탈에 관하여 보다 여러 가지를 선생님께 말씀드리지 못함을 용서하십시오…… 저는 스물 다섯살난 청년입니다. 저의 편지를 읽으시고 신중히 다루어 주신다면 큰 영광이겠습니다.〉

가장 귀중한 지식을 쌓아 두고 있는 어떤 사람을 발견했다는 것을 즉석에서 알게 된것은 말할 나위가 없다. 나는 지체할 것 없이 답장을 냈다. 그리고 곧 멀두운씨에게 책을 쓰기 시작하라고 권하고 나는 그것을 교정·편집하여 출판하겠다고 약속했다.

이 책은 그렇게 해서 나온 것이다. 멀두운씨와 나는 그 작업을 하는데 있어 아주 잘 협력했다고 하겠다. 그는 내가 지적하는 곳을 여러 곳, 또 여러 번 실험하였으므로, 어느 면에서나 그의 진실성과 진리에의 집착이 여실히 나타나고 있다.

그는 자기가 정당화 할 수 없는 주장은 하지 않고 있다. 그는 자기의 실제 경험에 의한 것이 아닌 이론은 제시하지 않고 있다.

그는 자기가 모르는 것은 솔직히 모른다고 했다. 그의 편지중에서 부가(附加)적으로 뽑은 글(서론 바로 뒤)이 이 점을 한층 더 확실하게 증명하고 있다.

또한 이 책에 넣지 아니한 많은 귀중한 자료를 독자들에게 제공하리라 본다.

이 '유체 여행' 중 이루어졌던 일에 대하여 이 책의 어디에서도 무모하고 터무니없는 주장을 하고 있지 않다는 사실을 독자들은 특별히 인식해 주기 바란다.

멀두운씨는 멀리 떨어져 있는 어떤 별나라를 갔었다는——그래 가지고 와서 그곳의 생활상을 우리에게 이야기해 주는——주장은 하지 않고 있다. 그는 광대하고 아름다운 어떤 '영계'(靈界)를 답사했었다는 주장도 하지 않는다.

그는 과거나 미래를 투시한 척하거나, 자기 과거의 어떤 화신(化神)이 재생한 척하거나 시간의 흐름에 역행하여 인류의 역사를 관찰했다거나, 혹은 우리 지구의 지질학적 기원을 관찰한 척도 하지 않고 있다.

그는 단순히 자기의 육체를 마음대로 떠나 완전 이탈상태에서 현세를, 그리고 자기의 바로 이웃을, 어떤 차(車) 비슷한 것을 타고 돌아다닐 수가 있었다고만 주장하고 있다.

이것은 완전히 사리에 어긋나지 않으며, 이것이야말로 그 '여행'이 실제 경험이라는 이론에서 우리가 기대해야 할 바로 그것이다. 유체와 같은 어떤 실재(實在)가 존재하고, 때로는 자의(自意)적으로 떨어져 나갈 수 있다는 것을 가정하면, 흔히 듣는 기타 모든 것이 다 저절로 해결되며, 또 바로 그것이 그러한 상황에서 일어나기를 기대하는 것이기도 하다.

'증거'의 곤란성

물론 이렇게 대답할 수도 있을 것이다.

"당신의 유체가 있다는 사실이 일차적으로 확실하게 증명되는 것은, 대소사(大小事)에서 순리에 따르듯이 매우 바람직한 일이다.

그러나 유체, 즉 에테르체(體)와 같은 어떤 실체가 존재한 다는 증명은 ── 의식적 또는 자의적 이탈 사건과는 전혀 관계없이 ── 끊임없이 증가되고 있다.

미국심령학회의 조사원들이 일찍이 조사를 시작했을 때, 우선 그들을 놀라게 한 바는, 수많은 유령이 사람의 죽음과 똑같이 나타난다는 것이었다.

《생자(生者)의 환영(幻影)》에 발표된 첫번째의 조사 결과와 《심령학회지》 제10권에 발표된 두번째 조사결과 [이는 보다 광범위한 것임]는 그러한 것들이 우연의 일치가 아니라는 것, 또 유령과 복체(複體)가 나타난 사람의 죽음과의 사이에 어떤 의외적인 관계가 있다는 심증을 굳게 하고 있다.

여기서는 이러한 경험의 대부분을 아주 논리정연하게 '텔레파시적 환상'이라고 설명하려 시도하고 있다. 그러나 그 모든 것이 그렇게 쉽사리 설명될 턱이 없었다.

첫번째 조사결과만으로도 마이어씨는 이 설명의 충분성에 대해 회의를 느끼고 있다. 유체의 객관성에 대한 증거야말로 대단히 유력한 것이어서, 앤드루 랭씨는 그의 저서 《콕크 레인과 상식》에서 이렇게 쓰지 않을 수 없었다.

〈……유체의 어떤 것은 '유령' ── 공간을 차지하는 객관적 실제 ── 이다.〉

최근 이에 대한 증거는 ── 영혼의 '물질화'나 그와 유사한 방법으로 나타내 보이는 것들과는 달리 ── 상당히 많아졌다고 들린다. 그러므로 우리 심령조사의 결과도 '유체'와 같은 어떠한 종류가 존재한다는 것에 대한 증거는 계속 증가되고 있고, 이러한 증거는 현재도 대단히 유력하다는 것이 상당히 신빙성 있게 주장되는 것이다.

만일, 이것이 틀림없이 인정만 된다면, 다른 여러 가지 무시되는 현상들──도깨비집, 같은 시간에 여러 사람에 의해 보여지는 허깨비나 심령사건·천리안(千里眼) 등 (또 그러한 유체가 가끔 움직여 사물에 영향을 준다는 것을 가정한다면) 고음(叩音)·염동(念動) 작용, '소리의 요정(妖精)' 기타의 물리적 현상 등──을 아주 쉽사리 설명할 수가 있을 것이다.

사실상, 일단 유체에 대한 객관적 존재가 규정지어지기만 한다면 육체적 면에서나 정신적 면에서 공히 심령현상을 밝히는데 있어 일대 광명을 던져 주게 될 것이다.

그런데 그러한 부수적 증거와는 관계없이 제멋대로 자기의 육체를 떠나 끝까지 의식을 잃지 않고 상당 시간 동안을 유체로서 돌아다닌 일이 있다고 주장하는 사람들이 항상 있었다. 그런 주장에 대하여 증거를 제시하기란 언제나 곤란한 일이었다.

이것은 사실상, 그러한 경험이 필연적으로 주관적 사실이라는 점에서 아주 다루기 곤란한 것이다. 때문에 이 책에서도 그러한 증거가 제시되었는지 어땠는지는 솔직히 말해 의심스럽다. 그러나 증거를 제시하려고 노력은 했으므로 모르긴 해도 여기에 보인 특수 지식에 의해 다른 사람들도 스스로 '유체이탈'을 할 수 있을 것이다.

역 사

고대의 이집트 사람들이 우리의 '유체' 개념에 해당되는 것으로 보이는 카(KA : 제2의 영)를 은연중 믿고 있었다는 것은 독자들도 알고 있을 것이다.

이 카는 인간의 혼이 아니라 영혼의 매체(媒體) ── 오늘

날 유체가 마음과 영혼의 매체라고 생각되듯이 —— 라고 알고 있었음에 틀림없다. 때때로 미이라가된 시체를 찾아왔던 것은 이 카인 바, 보통 새(鳥) 모양을 한 죽은 사람의 복체(複體)로서 그려졌다.

 이집트인들의 그림에서 이것이 많이 보이는데, 저승에서 죽은 사람들의 방황이나 심판에 대하여는 이집트인들의《죽음의 책》이나 기타 옛날 사람들의 작품 속에 자세히 쓰여져 있다.

 그러나 우리의 입장에서 한층 감명깊고 중요한 것은 최근에 번역되어 나온《죽엄에 대한 티베트인의 책》이다.

 이 책은 8세기 경에 쓰여진 것으로, 주요 골자는 옛날 이집트인들의 것과 같은 것이지만, 현대적 관점에서 볼때 대단히 합리적이며 그 내용도 '밀교와 심령과학'이 상호간 상통하는 바 많다는 것이다.

 우리가 다루고 있는 문제와 직접적으로 관계가 되므로 그 책의 관련부분에 대해 아주 간단히 요약해 보는 것도 흥미있는 일이라 생각한다.

 인간이 막 죽어갈 때는 흔히 라마승(僧)이 호출된다. 그의 임무는 죽어가는 사람을 내세(來世)로 잘 안내하는 것이다. 그는 목덜미의 양쪽 동맥을 누르는데, 이것은 죽어가는 사람으로 하여금 의식을 올바르게 갖도록 하기 위해서이다.

 죽는 순간에는 의식상태가 자꾸만 변하기 때문이다. 또 라마 승은 환자가 죽어갈 때면 언제나 그의 마음을 평온하게 하도록 격려한다.

 이것은 환자가 참다운 광명계(光明界)로 찾아들어가, 자기 마음이나 존재하는 환상같은 것 때문에 곤란을 받지 않도록 하기 위해서이다.

또 승려는 임종할 때, 유체가 육체로부터 물러나는 전 과정을 감독한다. 포·보(pho-bo)라 불리우는 승려에 의하여 도움을 받지 않으면, 유체의 분리과정은 3~4일이 걸린다고 보통 생각하고 있다.

또 설사 승려가 유체를 벗기는데 성공했다 할지라도 그 죽은 자는 상당한 기간이 경과할 때까지 육체로부터 분리된 사실을 거의 깨닫지 못한다고 한다.

죽어가는 사람의 마음이 광명에로 잘 집중되지 못하면, 그는 수많은 마귀나 악마를 만나기 쉽다. 그러나 이 마귀들은 실제적·객관적 존재가 아니라, 보는 이의 마음속 외에는 실제성이 없는 환상이라고 그 책에서는 몇 번씩이나 반복적으로 강조하고 있다.

그들은 순전히 상징적인 것이다. 우리가 매일밤 꿈속에서 하듯이 마음은 이런 환상들을 만들어 낼 수 있는 것이다.

그 책에서 유체에 관하여 주는 교훈은 대단히 명확하고 간결하다.

〈우리가 기절(죽음의)했다가 깨어나면 우리의 인식아(認識我)는 원상태로 돌아갔어야 하며, 그 전의 몸체에 유사한 방사체(放射體)가 튀어나왔어야 한다…… 이것은 욕망체라 불리운다…… 바르도체는 모든 감각 능력을 가지고 있다고들 한다…… 거침없는 동작은 단지 욕망체인 우리의 현(現) 몸체가 물질체가 아님을 의미한다…… 우리는 실제적으로 기적적인 동작 능력을 가지고 있다…… 때문에 우리는 쉴새없이, 그리고 무의식중에도 돌아다닐 수 있다. 그리하여 울고 있는 친척 사람들에게 (우리는) '나 여기 있어 울지 마'라고 할 수도 있을 것이다. 그러나 그들은 우리의 말 소리를 들지 못하므로 우리는 '내가 죽었구나!' 하고 생각할 것이다. 그때, 우리는 매우 불쌍한 생각이 들 것이다. 그러나 그렇게 불쌍하게만 생각하지 말라…… 그곳에는 희미하고 어슴프레한 빛이 밤이나 낮이나 항상 있으리니…… 비록 우리가 육체를 찾는다손 치더라도 헛수고만 할 뿐이리라. 육체에 대한 욕망을 버려라. 우리 마음이 체념 상태에서 견디어 빠져나가도록 놓아 두라. 그 속에서 인내하기 위해 행동하라…… 이들은 모두 정신체(精神體)가 시드파 바르도(Sidpa Bardo)에서 떠돌아 다님을 나타내는 것이다. 그때의 행·불행은 카르마에 달려 있으리라…….〉

자연이탈

유체이탈에는 두 가지 형태 및 종류, 즉 자연이탈과 시험이탈이 있다. 전자에 있어서는 경험자가 자기 자신 '이탈되었다'는 것을 알아차릴 뿐 어떻게 왜 이탈했는가는 모른다. 자신이 자기의 육체밖으로 나와 있는 것을 알고──분명히 볼 수도 있다──있으나, 자기가 어떻게 거기에 와 있는가는 알지 못한다.

반면 후자에 있어서는 그 시험자가 이탈하려고, 즉 보통 어떤 일정한 지역으로 결심하여 의식적으로 노력하면 자신이 거기 와 있거나, 아니면 가고 있는 도중인 것을 깨닫게 된다.

물론 그러한 시도의 태반은 실패로 끝나 성공한 사례가 극히 드물지만, 또 피실험자가 문제의 지역에서 어떤 개인한테 유체로서 보여질 수도 있으며, 자기가 분명히 이탈에 성공했다는 것을 완전히 의식하지 못하는 수도 있다.

이 책에서는 이탈의 형태와 종류의 실례를 그 이탈방식의 분석과 아울러 성패에 대한 설명을 하나하나 보여 줄 작정이다.

우선 '자연이탈'에 대한 대표적인 예를 몇가지 생각해보자. 앞서 말했듯이, 이것은 이론상 피실험자가 잠자고 있을 때, 혼수상태에 있을 때, 마취제의 영향을 받고 있을 때 등에 일어난다.

혹은 피실험자가 깨어 있어 의식중일 때도 일어날 수 있으나, 이 때에는 심신이 이완되어 있어야——적어도 실험을 시작할 때는——한다.

이에 대한 좋은 예는 최근에 카롤라인 라센이란 사람이 저술한 책《나의 영계(靈界)여행》에서 볼 수 있는데, 그곳에는 이렇게 기록되어 있다.

⟨……갑자기 나는 아주 이상한 경험을 하게 되었다. 약간 무엇에 홀린 듯, 나는 짓눌리고 잡아당기는 것 같은 느낌을 받았다. 나는 버티어 보았으나 소용이 없었다. 당해낼 수 없는 놀라움이 압박해 오더니 이윽고 온 몸이 무감각해지면서 모든 근육이 마비되어 버렸다. 나는 한참 동안 이런 상태에 있었다. 그러나 나의 정신은 아직도 전과 다름없이 활동하고 있었다. 처음에 나는 (아랫층에서) 음악 소리가 분명히 들려옴을 알았다. 그러나 곧 그 소리가 나에게서 점점 멀어지더니, 드디어 모든 것이 공허(空虛)해졌다. 나는 삶이나 이 세상을 의식하지 못했다. 이런 상태가 얼마나 계속되었는지 모른다. 그동안에 일어났던 일에 대하여는 알 수가 없다. 그 다음에 알게 된 것은, 내가 마룻바닥에 서서 내 자신의 육체가 누워 있던 침대를 내려다 보고 있었다는 것이다…….

나는 그 낯익은 그러면서도 죽은 사람처럼 창백하고 말없는 얼굴의 주름살 하나하나, 꼭 감겨진 눈, 그리고 좀 열려 있는 입을 알아볼 수 있었다. 두 팔과 손이 육체 옆에 맥이 빠져 힘없이 늘어져 있었다. 나는 돌아서서 방문 쪽으로 천천히 걷다가, 그 곳을 나와 목욕실 쪽 방으로 들어갔다……습관때문에 전기불을 켜는 시늉을 내고 갔지만 물론 실제 불을 킨 것은 아니었다. 조명(照明)은 필요없었다. 나의 몸과 얼굴로부터, 방을 밝게 비추는 강하고도 희끄므레한 빛이 발산되고 있었기 때문이었다…….〉

이와 유사한 체험담은 펑크(I. K. Funk) 박사가 쓴 《심령적 수수께끼》(pp.179~85)에서도 볼 수 있으나, 윌쓰(Wiltse) 박사의 것이 아주 유명하다.

후자는 처음에 《세인트 루이스 의학잡지》(1889년 11월호)에, 나중엔 《미국심령학회지》 제8권에 실렸다가 다시 《인간의 인격》 제2권에 일부 실렸던 것이다.

그 책에서 독자에게 참고가 될 부분을 아주 간단히 추려보면 매우 흥미가 있을 것이다. 윌쓰 박사는 약간의 서두(序頭)를 말한 뒤에 다음과 같이 쓰고 있다.

〈……나는 한 의사로서 관심을 가지고 나의 육체가 분리되는 과정을 흥미롭게 지켜 보았다. 어떠한 힘(분명 나 자신의 힘이 아닌)에 의하여 자아가 요람처럼 앞뒤로 또 옆으로 흔들리더니 육체와의 연결이 풀리었다. 잠시 후에, 몸짓은 멈추어지고 발바닥을 따라 처음엔 발가락에서 시작하여 금새 발 뒤꿈치를 거쳐 무수한 조그만 실끈이 끊어지는 소리가 들리는 듯 느껴졌다. 이것이 이루어졌을 때 나는 뱀이 허물을 벗듯이 발에서부터 머리 쪽으로 서서히 벗어나기 시작했다. 머리로부터 헤어나자 나는 빨대 끝에 매달린 비눗방울처럼 아래 위로, 그리고 옆으로 부웅 떠 흔들리다가 드디어 몸통으로부터 벗어나 방바닥에 살며시 떨어졌다. 거기에서 나는 천천히 일어나 완전히 사람키로 늘어 났다. 나는 푸르스름한 반투명체 같이 보였으며 완전 나체였다…… 나는(침대쪽으로) 눈을 돌려 죽어 있는 나의 시체를 쳐다보았다…… 나는 내 얼굴의 창백함에 놀랐다…….〉

시험이탈

우리는 이제 자의적, 즉 시험적 이탈의 실례를 들겠다. 이미 말한 바와 같이, 이러한 예는 극히 드문 것으로 픽스씨의 기록 외에는 별로 믿을 만한 것이 없다. 그러나 이러한 문제를 다룬 책이 프랑스어로는 두권 발행되었다. 하나는 찰스 란셀린이 쓴 것이고, 다른 하나는 헥터 더빌이 쓴 것이다.

이 책은 둘다 최면(催眠)된 피술자로부터 혼수상태일 때, 이른바 유체를 뽑아 내보내는 실험을 해본 것을 다루고 있다. 그러나 이 책에 둘다 자기이탈의 예는 들어 있지 않다.

피술자가 깊은 최면상태에 놓여지면, 피술자에게 가능하다면 자기 자신의 육체를 떠나서 적당한 곳까지 가보라는 암시가 주어졌다. 그리고서는 이것이 성공적으로 이루어졌는가를 가능한 한 확인하기 위하여 여러 가지 교묘한 실험이 행하여졌다.

나는 란셀린의 노작(勞作)을 계속 검토해 마지 않았거니와, 본서(本書)에서도 멀두운씨가 그것을 꽤 많이 다루고 있다. 여기에서는 더빌이 처음으로 알아낸 것(그의 저서 《생자의 환영(幻影)》을 여기에 잠간 요약해 보겠다.
 그의 책은 Ⅱ부작(部作)인데, 제Ⅰ부는 역사적·이론적인 것으로, '복체(複體)'에 대한 일반이론을 다루었으며, 그것이 분명하다고 생각되는 고대 및 현대의 실례들을 인용하고 있다.
 제Ⅱ부는 시험적인 것으로, 피실험자가 깊은 수면 상태에 있을 때 유체가 분명히 이탈되어졌던 실례를 취급하고 있다. 이 자료 중에는 꽤 흥미있는 것이 있는데, 멀두운씨가 쓴 것이나 경험한 것과 현저히 일치하고 있다. 189페이지에는 이렇게 쓰여 있다.
 "실험의 주체(主體)는 늘어날 수 있는 유동성 끈을 중개로 언제나 '복체'와 일치하고 있다. 이 끈은 보통 대롱(圓筒) 모양이나 때때로 리봉과 같은 것으로 나타나기도 한다."
 유령의 옷에 대하여 말한다면 그것은 '유동성 있는 얇은 천(紗)'같은 것으로 만들어져 있는 것 같다. 각종 감각의 전달은 이 유사(幽糸 : 생명의 줄)의 전달에 의한다.
 체온문제는 매우 중요한데, 너무 많은 빛은 유체에 유해한 영향을 끼친다.
 체력기(體力器)에 의한 실험은, 피실험자의 힘(체력)이 이탈 후가 이탈 전보다 언제나 큼을 나타내었다. 반대로 손의 체온——특히 오른손의 체온——은 실험 결과 거의 언제나 저하되었다.
 한 장(章)에서는 두 피실험자가 동시에 이탈했을 때, 다른 피실험자의 복체에 미치는 유체의 작용 및 타인의 육체에 미치는 작용을 전적으로 다루고 있다.
 두 가지 실험에서는, 똑같이 명백한 결과가 몇 가지 얻어졌다. 황화(黃化) 칼슘 스크린을 몇 개피 시험자로부터 좀 떨어진 곳에 쳐 놓고, 유체로 하여금 이 스크린과 저 스크린 사이를 이동해 보라고 암시했다.

그럴 때, 문제의 스크린은 유체가 접근함에 따라 점점 밝고 환해졌다. 마지막(章)에서는 유체를 여러 번 사진찍어 본 것과 유체 혹은 육체에서 나오는 여러 가지 방사물에 관해 자세히 기록하고 있다.

더빌은 그 책에서 다음과 같이 결론 짓고 있다.

(1) 유체의 이탈은 명확한 사실이고, 직접 실험에 의하여 증명될 수 있다. 이것은 생명력이 물질과 무관하다는 것을 우리에게 증명하는 것이기도 하며, 우리의 개체(個體)가 육체와 지적(知的) 영혼으로 구성되어 있음을 말한다.

(2) 이 유체는 육체와 분리하여 존재 또는 작용할 수 있으므로 죽은 뒤에도 역시 존재할 수 있을 것이다. 불사불멸(不死不滅)은 사실로서 이렇듯 과학적으로 증명된다.

이제 나는 서론을 끝내려고 한다. 이 책을 집필하고 준비함에 있어 멀두운씨와 완전히 작업을 같이 하였으니, 때로 나는 각주(脚註)를 달고 필요 부분에 대한 실험을 시키기는 하였으되, 이 책의 본 줄거리는 전부 그가 쓴 것으로 그가 와병중 육체적으로 심한 고통을 받으면서도 책을 쓰기 위해 희생적인 수고를 아끼지 않은 점에 깊이 감사하는 바이다.

또 그의 자기 체험에 대한 성실성과 진실성 및 유달리 초연하면서도 과학적인 태도에 내가 탄복하였음을 적어 두고 싶다. 모든 것은 이 책에서 자연스럽게 밝혀질 것이다.

이 책은 아주 귀중한 것으로 심령연구자나 온 세상 사람들이 기대했던 바로 그러한 책임을 믿어 의심치 않는 바이다.

H·캐링턴

3. 멀두운씨의 편지초(抄)

　멀두운씨가 내게(캐링턴) 보낸 다음의 편지 초(抄)는 매우 흥미있는 것으로, 이 책의 본문에 들어 있지 않은 것이다. 이 편지들은 필자의 심리를 간접적으로(흥미있게) 알려 주는데 도움이 될 것이다. 물론 이 편지 초는 그의 허락에 의한 것이다.
　책의 군데 군데에서는 물론, 이 편지 중에서도 보이는 바와 같이, 필자의 표현 용어 또한 흥미로운 것이어서 그의 내적 자아(自我)를 잘 드러 내고 있다. 이 편지는 본서가 집필·교정되는 과정에 내게 보내진 것들이다.

H·캐링턴

　〈선생님께서는 제가 유체로 있을 때 육체를 만져 보았는가를 물으셨습니다만 저는 못 만져 보았습니다. 그것은 만지기가 곤란했습니다. 해보려고는 했지만 너무 거리가 가깝기 때문에 (의식의) 내면화를 그만 둘 수 없음을 알았습니다. 선생님이 물질화 강령회(降靈會)에 참석하여 캐비닛 안으로 되돌아 가는 유령을 잡으려고 해본 일이 있으십니까? 그 엄청난 자기적(磁氣的) 이끌림을 경험해 보셨다면 육체를 매만질 정도로 가까이 갔을 때 내면화로 그만 둔다는 것이 얼마나 어려운가 하는 것을 이해하시겠지요.

또 선생님께서는 유체 상태에서, 제가 모르던 어떤 물건이 존재함을 알아가지고 나중에 육체 상태에서 그것을 확인해 본 일이 있는지 여부를 물으셨습니다. 물론 그것은 해 보았습니다. 그것을 의식적 이탈중에 해본다는 것은 그리 어려운 일은 아니었습니다. 저는 자주 어떤 집안으로 들어가서 물건들을 보아 두었다가 나중에 육체 상태에서 그 곳에 가서, 그들 하나하나가 유체 상태에서 보았던 것과 똑같음을 확인하곤 했으니까요……. 그러나 저는 이제껏 천리안(千里眼) 투시는 한 번도 해본 일이 없습니다. 제가 점치듯이 볼 수 있는 유일한 방법은 유체 상태에서 뿐이었습니다. 육체 상태에 있을 때는 방안에 수많은 영혼이 있더라도 볼 수가 없었습니다.

× × ×

저의 응접실 테이블 위에 박자계(음악을 공부하는 학생들에게 박자를 맞추어 주는 기구)가 하나 세워져 있습니다. 그 기구를 작동케 하려면 오직 그 추(振子)를 시동시켜야 합니다. 그리하면 태엽이 전부 다 풀릴 때까지 그 기구는 딸깍딸깍 큰 소리를 내면서 갑니다. 저는 응접실 옆 방에서 곧잘 잠을 잡니다. 그 전날 저녁 나는 이 박자계 바로 옆에 서있는 꿈을 꾸었습니다. 꿈속에서 저는 이 박자계를 시동시키려는 것 같았습니다. 이 꿈을 꾸자마자 저는 곧 침대에서 육체 상태로 잠이 깼습니다. 그런데 약 1초 후에 옆 방의 박자계가 딸깍딸깍 움직이기 시작했습니다. 그 기계가 저 혼자서 시동이 걸려졌을 리는 없습니다. 더구나 그것은 몇달간 사용하지도 않고 테이블 위에 놓아 두었던 것입니다. 이것은 제가 꿈속에서 그것을 건드리자 마자 잠이 깨어 그 옆 방에서 그것

(박자계)이 딸깍딸깍 가기 시작하는 소리를 들은 것이라 생각됩니다. 만일 시간적 요소가 개입되지 않았다면 물론 부분 의식 상태에서의 유체인 몽체(夢體)에서 제가 이것을 건드렸다고도 생각할 수 있을 것입니다 그러나 제가 방금 전에 꿈속에서 그것을 가게는 했지만, 육체 상태로 깨어나기까지 박자계는 가고 있지 않았습니다. 제가 꿈꾸는 동안에 걸려 있던 시동력이 의식 상태로 될 때까지 그대로 있다(남아)가, 후에 박자계로 옮겨와서 그것을 시동시켰다는 것이 가능했겠습니까? 제가 유체이탈 되어 있었더라면 박자계는 제가 육체로 되돌아 오기 전에 시동하지 않았겠어요? 유체 상태에서 어떤 물건을 움직이려 하여, 그것을 움직이게 할 수 있는 것인지, 또는 유체가 그것을 얼마 동안까지는 놓아 두고 움직이지 않게 할 수 있는 것인지 궁금합니다……

간밤에 저는 다시 제가 처음에 했었던 것처럼 꿈속에서 그 박자계를 움직였습니다. 또 이번에는 이탈해서 의식 상태일 때(다른) 실물들을 옮기려고도 해보았습니다만, 그것은 불가능했습니다. 그런데 이상한 것은 제가 저 자신에게 그러한 암시를 줄 수가 없었다는 것입니다…….

제가 이해할 수 없는 것은 꿈속에서 가동시키는 꿈을 꾼 후에 약 2초 동안 그 박자계가 어째서 움직이지 않았는가 하는 것입니다. 박자계는 제가 자고 있는 데서 약 15피트 떨어져 있었습니다. 저를 당황케 하는 것은 그 시간적 요소, 즉 제가 육체적으로 다시 분명하게 의식이 들 때까지는 왜 그 박자계는 가지 않는 것인가 하는 것입니다.

×　　×　　×

(그 후의 편지) 그 박자계 건(件)! 그것은 청각적인 착각이 아니었습니다. 저는 그 움직이던 것을 멈추게 하기 위해

자리에서 일어나야 했습니다. 두번째일 때는 윗층의 누군가의 귀에 들리는가 여부를 알아 보려고 그것을 움직이게 놓아 두었습니다. 그랬더니 동생이 듣고서 잠시 후 아랫층으로 내려와 박자계를 멈추게 하였습니다. 처음에는 5,6분 갔으며, 두번째는 약 20분 갔습니다. 이와 같은 사실을 아무도 착각이라고는 하지 못하겠지요?

×　　×　　×

의식적 유체이탈이 세상에 널리 알려지지 않았다는 것은 저로서는 너무 믿기 어렵습니다. 또한 그러한 실제적 현상이 지금껏 의문시되고 있다거나, 육체적 생명이 인정되듯 그것이 그렇게 인정받지 못하고 있다는 것은 저로서는 좀처럼 이해할 수 없습니다. 그것을 제가 그렇게 여러 번 직접 경험한 것이 아니었더라면 저는 지금과 같은 생각은 들지 않았겠지요.

×　　×　　×

이제 저는 오늘로 마지막 회분(回分)의 원고를 보내 드립니다. 독자들에게 자기들의 성과(成果)를 보내라고 요청해 보는 것도 좋은 생각이 아니겠습니까? 아마도 어떤 귀중한 자료가 이렇게 하여 모아질 수도 있을 것입니다.

제 I 장
유체(幽體)의 실존과 이탈의 현상

1. 유체이탈의 현상

옛부터 알려져 온 유체의 실존

성(聖) 바울은 《고린도 전서(前書)》에서,
"자연체(육체)가 있으며 영체(靈體)가 있다."
고 했다. 심령연구도 이미 오래 전에 모든 물질적 존재에는 그에 일치하는 신비로운 실체, 즉 초물질(超物質)인 '복체(複體)'가 있다는 신념을 확립해 놓았다.

믿을 만한 여러 과학자들로부터 나온 많은 기록에 의하면, 보통 유체라고 불리워지는 이 초물질체는 그 상대 물질체로부터 분리될 수 있으며, 무형이어서 전혀 그 물체 밖에서 존재할 수 있음이 입증되었다.

이 불가사의한 현상을 '유체이탈', 혹은 '유체의 외형화(外形化)'라고 말하는데, 이들 양자는 같은 말이다. 오컬트(밀교 또는 秘敎) 서적을 살펴보면 이 이상스러운 유체이탈 현상이 많이 쓰여져 있는데, 우리가 이제까지 쌓아온 지식으로서는 아직도 우리는 신비로움에 쌓인 유치원생에 불과하다고 밖에 생각되지 않는다.

유체의 외형화는 사실 우리들 모두가 조만간 들어가야만 하는 '죽음'이라 불리우는 신비한 나라에로의 첫 출발이기 때문이다. 그러므로 독자 여러분, 당신들이 이 불명(不明)의 현상에 흥미가 있다면 당신들이 관(棺) 위에 서서 싸늘한 시체를 보거나, 말없이 두려움 속에서 바로 얼마 전까지 살아 있던 저 존재——당신과 마찬가지로 지성을 가졌었으며, 움직이고 생각하고 말하던——가 이제 어떻게 하여 단지 하나의 생명없는 싸늘한 물체가 되었는가를 생각해 보아야 되고 유체이탈과 죽음은 다른 것이 아니기 때문에 당신들은 유체이탈에 흥미를 느낄 것이다.

이러한 현상을 전혀 경험해 보지 못한 많은 사람들에게, 또는 이러한 현상에 대하여 좀 알고 있는 사람들에게까지도 이것은 부득이 '이론적' 범주를 벗어나지 못할 것이지만, 의식적 유체이탈자 자신에게는 육체의 초물질적 외형화가 의식상 자기가 살아 있는 사실처럼 자명(自明)하며, 실제적으로 느껴질 것이다.

우선 먼저 독자들이 알아야 할 것은, 나 자신이 12년간 수없이 많은 유체이탈 경험을 가지고 있으므로 그 현상에 정통해 있다는 것이다. 이 책에 있는 자료의 대부분은 나 자신의 직접적인 경험에서 나오고 있다.

다년간의 유체이탈 경험을 통해 여러 가지 시험을 한 후, 많은 사실들을 알 수 있었으며, 그들로부터 또 여러 가지를 무리없이 연역(演繹)하게 되어 오컬트(occult) 부분에서도 다른 저자들이 전에 알아내지 못했던 몇 가지 사실들을 알게 되었다.

물론 유물론자들은 바로 유체이탈이란 개념을 넌센스라고 부정할 것이다. 그들은 '이성(理性)'만을 확신으로 인도하는 횃불처럼 생각하는데, 거기에도 문제가 있으니 그것은 생명의 수수께끼에는 횃불이 별로 빛을 나타내지 못한다는 것이다. 생명 그 자체가 이성은 고사하고 인간의 지력(知力)으로는 도저히 이해할 수 없는 것이다.

윌리엄·W·애트킨슨은 말했다.

"오컬트 교리에서 가장 확고하고 오랫동안 그렇게 생각해 왔으며, 또 철저하게 증명된 것은 유체가 있다는 것이다. 고대 오컬티스트(神秘學者)들의 이 가르침은 현대 심령과학 연구자들의 실험조사에 의해 확증되어 가고 있다. 유체는 누구에게나 있는 것으로 사람의 완전한 육체와 아주 똑같은 복사체(counterpart)이다. 그것은 순수한 에테르 성(性) 물질로 되어 있고 보통 육체 안에 들어 있다. 보통의 경우, 유체가 그 육체로부터 분리된다는 것은 매우 어려운 일이나, 꿈을 꾸고 있는 경우나 심한 정신적 스트레스를 받는 경우 또는 오컬트가 일어날 어떤 조건하에서 유체가 분리되어 한참 떠돌아다니며 광파(光波)의 속도보다는 좀 못한 속도로 여행할 수가 있다.

"이 여행 중에 유체는 언제나 길고 엷은 은색 줄에 의해 육체와 연결되어 있다. 만일에 이 줄이 끊어지게 되면 그 사람은 즉사하게 된다. 그러나 그러한 일이란 그리 쉽게 일어나지 않는 것이다."

"유체는 육체가 죽은 후 오랫동안 존속하지만, 때가 되면 분해되어진다. 유체는 육체(시체)가 놓여 있는 주위를 배회하는 수가 많아서, 사실은 그것이 그 혼령의 외피(外皮), 즉 정묘한 외의(外衣)일 뿐이건만 때로는 죽은 사람의 영혼으로 오해되어지는 수가 있다. 죽어가는 사람의 유체가 육체가 죽기 전에 때로는 친구들이 있는 곳에 나타나기도 하는데 이러한 현상은, 죽어가는 사람이 보고자 또는 보이고자 하는 욕망이 강하기 때문에 일어나는 것이다."

제1장 유체(幽體)의 실존과 유체이탈의 현상

"유체는 또한 꿈이라고 알려진 몽중(夢中), 마취 중, 때로는 깊은 최면중에 육체를 떠나 미지의 광경 또는 장소를 찾아가 자주 다른 유체들이나 기타 분리된 실체들과 정신적 대화를 나누기도 한다."

이상으로 나는 독자들이 이미 이 현상의 실제성을 확신하였거나 아니면 그를 인정할만큼 오컬트적 흥미를 가졌으리라 생각한다. 그러나 여기서는 대체로 유체 문제에 도움이 되지 않을 스피리티즘(心靈論)에 대하여 논의되지는 않을 것이다. 왜냐하면 나보다 훨씬 유능한 사람들에 의하여 쓰여진 책들이 수없이 많이 있기 때문이다.

이 책에서는 우리 육체가 살아 있을 때 일어나는 유체이탈에 의한 어떤 기묘함과 관련되는 것이 주요 내용이 될 것이다.

우리들은 우리 자신이 육체적으로 산다고 한다. 그러나 실은 우리의 물질적인 부분은 완전히 죽어 있는 것이다. 정말로 '살아 있는' 것은 물질적 구조 이면(裏面)에 있는 에너지이다.

신경 그 자체는 살아 있지 않다. 살아 있는 것은 신경 에너지이고 유체는 여러분들이 바로 지금 사용하고 있는 신경 에너지의 콘덴서인 것이다.

"그렇다면 유체는 지금도 있는 것이군!"

하고 여러분은 말할 것이다. 그렇다, 여러분은 지금 이 순간에도 여러분의 유체를 사용하고 있는 것이다. 유체가 진동에 의해 물질체와 잘 조화되고 있다고 할 수 있겠다. 그런데 이 조화를 깨뜨리는 어떤 힘이 유체를 육체로 부터 분리하게 만드는 것이다.

유체는 육체와 완전히 일치한다. 이들은 둘다 '실체'로서 분명히 모양은 똑같은 것이다. 그러므로 유체가 나타날 때에는 육체와 꼭같다. '죽음'으로 해서 해방된 유체는 사람들에게 자주 죽을 때의 모습──진짜 육체와 같이──으로 보인다. 죽은 뒤에 유체는 이 실제 모습을 계속 유지하지만, 얼마 있으면 한층 정묘한 영체(靈體)로 변한다.

우리가 지상에서 생존시에는 진동의 한계가 한정되어 있어 모든 사물에 전부 미치지 못한다. 따라서 우리는 우리 주위의 허다한 실체들을 알지 못한다.

유체(그의 눈을 여러분은 지금 이 책을 읽고 있는 순간도 사용하고 있다)가 파장(波長)이 맞추어지면 이 눈은 일상때 보던 것 이외의 것들을 볼 수 있으며, 유체는 육체로부터 벗어날 수 있을 것이다.

이탈 후 눈으로 지상물 및 다른 유계물(幽界物)도 역시 볼 수 있다는 사실은 진동의 한계가 커졌음을 나타내는 것이다.

이것은 의식이 육체 조직의 일부라는 생각에 젖어 있는 사람들에게는 궤변같이 들릴런지 모른다. 사실 물질체에는 마음은 없는 것이나, 물질체는 유질체에 착 달라붙어 있어서 [그것을 상징적으로 말하면 '참 자아(自我)'인데] 그를 통해서 의식은 실질적으로 작용하게 된다.

유체에 초(超)정신성이 있다는 생각은 그릇된 것이다. 유체에 그런 것은 없다. 여러분이 알고 있듯이, 의식은 유체가 가지고 있는 마음이다.

그러나 잠재 의식이 있어, 그것은 무엇에나 거의 전능하고 고유한, 그러면서도 측량할 수 없는 초지성(超知性)을 가지고 있다. 그러나 우리는 의식을 개체(個體)라고 생각하듯, 무의식을 개체라고 생각하지는 않는다.

대부분의 영혼 신봉자들은 어쨌든 유체 상태에서 깨어 있음은 전적으로 잠재의식력에 의하여 아는 것이라는 생각을 갖는데, 그것은 경우가 다르다. 왜냐하면 잠재의식은 실제적으로 그것이 내형화 된[육체적으로 살아 있다] 인체(人體)와의 관계와 똑같은 관계를 외형화 된 유체와도 유지하기 때문이다.

  예를 들어, 여러분의 육체가 지금 당장 죽는다고 생각해 보라. 여러분은 변화함이 없이 여전히, 초지성적 존재로서가 아니라 전과 똑같은 정신성을 가지고 유체로서 존재할 것이다.

  이것이 기억해 둘 가장 중요한 요점이다. 즉 육체는 단순히 비지적(非知的) 물질로서, 유체가 덮어 쓴 옷과 같은 것이다.

2. 나의 첫 의식적 유체이탈

　유체는 실체이고, 그 자체도 살아 있는 것이며, 육체는 한낱 외피(外皮)에 불과하다는 사실을 마음속에 단단히 새기면서 이제 우리는 유체가 이탈하면 실제적으로 어떤 일이 일어나는가를 보기로 한다.
　나는 내가 난생 처음으로 체험했던 의식적 이탈을 적어 보겠다. 그러나 여러분은, 경험들이 누구나 똑같지는 않다는 것, 그래서 나중에 내가 요약할 규칙에 따라 여러분이 이탈에 성공했을 때, 여러분이 경험한 바가 내가 이야기한 것과 모든 점에서 일치하지는 않을 것이라는 것, 또한 연습하면 숙달된다는 것을 이해하기 바란다.
　열 두살의 소년시절, 인생에 대한 보다 심각한 문제에 관해 나는 별로 생각해 보지 않았으며 또 별로 신경을 쓰지 않았다.
　가족 중에 다른 사람들은 오컬트에 대하여 좀 공부는 했었지만, 나는 정신적 생활에 대하여 실제적으로 아는 바가 없었다.
　지금처럼 우리는 죽은 후에도 살아간다고는 들었으나, 그것이 이런 문제에 대한 내 지식의 전부였을 뿐, 그런 것은 나로서 생각해 볼 문제가 아니었다.

제1장 유체(幽體)의 실존과 유체이탈의 현상　45

　나의 어머니께서 심령과학에 관한 책을 몇 권 읽으시고 그것이 사실인가 거짓인가를 알아 보려는 호기심과 욕망에 못이겨, 우리는 아이오아주 크린틴에 있는 미시시피강 유역 심령과학협회의 합숙소로 찾아가기로 했다. 나는 꼬마 동생과 같이 어머니를 따라 갔는데, 거기에서 내가 지금부터 이야기하려는 일이 벌어졌던 것이다.
　그날 저녁 우리들은 일찌감치 잠자리에 들었는데, 우연히 우리는 유명(有名)한 5,6명의 영매들이 하숙하고 있는 집에서 유숙하게 되었다.
　나는 그전에도 항상 그랬듯이, 자연스럽게 꾸벅꾸벅 졸다가 10시 반쯤 잠이 들어, 몇 시간동안 잤다. 드디어 서서히 잠이 깨고 있음을 알아차렸다. 그러나 나는 선잠으로 빠져드는 것도 아니고, 그렇다고 일어난 것도 아닌 것 같았다.
　이런 어리둥절한 감각마비 상태에서 나는 어쨌든 무기력하고, 말없고, 어둡고, 무감각한 상태가 되어 어디론가 가고 있다는 것을(마음속으로) 알았다.
　의식은 여전히 있었다. 내가 존재한다는 것을 알고는 있었으나, 어디에 있는가는 이해할 수가 없었다. 기억력이 말을 듣지 않는 것이었다.
　사람들이 마취제의 영향으로부터 처음 깨어났을 때 경험하는 멍함과 비슷한 것이었다. 나는 보통 때와 같이 자연스럽게 잠에서 깨어나고 있다고 생각했다.
　점차――그것은 영원(永遠)처럼 생각되었지만, 사실 잠깐 사이일 뿐이었다――나는 어디엔가 누워 있다는 사실을 더욱 뚜렷이 인식하게 되었다. 곧 침대에 기대고 있다는 것을 아는듯 했으나 정확한 위치에 대하여는 어리벙벙했다.
　움직여 보려고, 또 내가 있는 곳을 알아 보려고 노력해 보았으나 나는 무기력하다는 것을 느낄 뿐——마치 누워 있는 그것에 달라 붙어 있는 것처럼——이었다. '달라붙었다'는 것이 정확한 느낌이었다.

이 현상에 대한 특수 사실은 의식할 수 있으되 움직일 수 없다는 것이다. 이런 상황을 나는 유체의 강경증(強硬症)이라고 한다.

마침내 고착감이 풀리었다. 그러나 새로운 불쾌감이 생겨났으니 그것은 부동감각(浮動感覺)이었다. 동시에 전신이 상하로——그것이 육체인가 했더니 유체였다——고속으로 진동하기 시작했다.

또 내 머리의 뒷쪽 연수(延髓)가 짓눌리는듯 했다. 이 압박은 아주 또렷하여 이따금 정규적으로 일어났는데, 그 압력은 온몸을 진동시키는 것 같았다.

이 모든 것이 나에게는 가위눌리는 것과 비슷하게 느껴졌다. 떠오르는 것 같으면서 흔들리는 것 같고, 가눌 수 없으면서 머리가 이끌리는 것 같은 괴상한 느낌들이 뒤범벅이 된 가운데서, 나에게 무엇인가 낯익은, 그러면서도 멀리서 나는 것 같은 소리가 들리기 시작했다.

청각이 작용하기 시작한 것이다. 나는 움직이려고 해 보았으나 아직은 불가능했다.

청각이 트이어 오자 곧 시각도 작동하기 시작했다. 눈이 보이었을 때 나는 깜짝 놀랐다. 이 놀라움을 말로 이루 표현할 수가 없었다. 내가 붕 떠 있지 않은가! 침대에서 몇 자 위로 공중에 떠 있는 것이었다.

내가 있는 곳이 바로 방이라는 것을 비로소 알았다. 사물이 처음에는 흐릿하더니 점점 또렷해져 왔다. 내가 있는 곳을 잘 알고는 있었지만 나의 그 이상한 거동에 대하여는 설명할 수가 없었다.

　뒷머리의 강한 압박으로 아직도 몸을 가누지 못하고 천천히 나는 천정 쪽과 내내 평행으로 그리고 힘없이 올라가고 있는 것이었다.

　나는 자연스럽게 언제나 그리 알고 있듯이 이것이 나의 육체라고 생각했다. 그러나 육체는 이상하게도 중력(重力)을 받지 않는 것이었다.

　나는 내 정신을 의심할 턱이 없었다. 나도 모르게, 마치 공중에 어떤 보이지 않는 힘이 있어서 동작이 그렇게 되는 것처럼, 나는 침대 위 약 여섯 자 되는 데서 수평 자세로부터 수직 자세로 세워졌다. 그리하여 내려와 방바닥 위에 똑바로 서졌다.

　나는 무엇이 보일 것 같아서 한 2분 동안 서 있었다. 그러나 스스로 움직이기에는 아직도 힘이 없어서 정면을 노려보았지만, 여전히 유체는 경직 상태였다.

　그런데 그때 나를 조정하던 힘이 사라지고 단지 머리 뒤쪽에 끄는 힘이 있음을 알아차릴 뿐 나는 자유로움을 느꼈다. 나는 이렇게 하여 간신히 돌아섰다. 그랬더니 거기에 내가 있지 않은가!

　나는 내 자신이 정상이 아니라는 생각이 들기 시작했다. 침대 위에 말없이 누워 있는 내가 또 하나 있었던 것이다. 이것이 생시라는 것을 스스로 믿기 어려웠으나, 의식은 나로 하여금 내 눈에 보이는 것을 의심할 수 없게 하는 것이었다.

　두 개의 똑같은 나의 몸이 고무줄 비슷한 끈에 의하여 연결되어, 한 쪽 끝은 유체 쪽의 연수 있는 곳에, 다른 쪽 끝은 육체 쪽의 두 눈 사이 한 가운데에 붙어 있었다.

　이 끈은 그 둘 사이의 간격이 약 5자 되는 공간을 연결하고 있었다. 이때 계속 이쪽으로 흔들렸다, 저쪽으로 흔들렸다 하여 몸을 가누기가 어려웠다.

이런 일에 대하여 영문을 모르던 나로서는 처음에 이 광경을 보고 잠자다가 죽은 줄 알았다. 그 당시에는 그 고무줄같은 것이 끊어져야만 죽는 것이라는 것을 몰랐었던 것이다.

나는 그 끈의 자기인력(磁氣引力) 하에서 기를 써가며 나의 가족을 깨워 이 놀라운 상황을 알리기 위해서 그들이 자고 있는 딴 방으로 나갔다. 문을 열까 했을 때, 이미 내가 문을 통과해 있음을 알았다. 이미 놀랬던 마음에 또 하나의 기적이 일어난 것이다.

이 방 저 방으로 가서 나는 그 집에서 잠자고 있는 사람들을 마구 깨우려 했다. 그들을 움켜쥐고 소리를 지르며, 흔들어 보았으나 손은 단지 허깨비처럼 빗나갈 뿐이었다.

나는 울음을 터뜨렸다. 그들이 나를 보아주기를 기원했지만, 그들은 내가 와 있는 것 조차 알지 못했다. 촉감 외에 나의 모든 감각은 정상이었다.

나는 그전처럼 사물을 만져서 접촉할 수가 없었다. 자동차가 한 대 집 앞을 지나갔다. 보통 때처럼 보고 들을 수가 있었다. 잠시 후에 시계가 두 시를 치길래 쳐다보니, 시계가 그 시각을 가리키고 있는 것이 보였다.

나는 아침이 되면 잠자든 사람들이 깨어 나를 보리라는 걱정때문에, 그 집 언저리를 끼웃끼웃 돌아다녔다. 지금 생각하면 아마 15분 가량을 남의 방에서 돌아다녔을까 했을 때, 그 끈의 저항이 헌저히 커짐을 느꼈다. 더욱 더 큰 힘이 잡아당기는 것이었다.

그 힘에 의하여 나는 다시 몸을 가누지 못하기 시작했다. 이윽고 나는 나의 육체에로 오히려 이끌리고 있음을 알게 되었다.

  다시 나는 움직이는 힘이 없음을 알게되었다. 그리고 보이지는 않으나 무언가의 힘에 의해 지배되고 있는 것을 느낄 수 있었다. 그리고 다시 경화되어, 침대 바로 위에 수평자세로 돌아가고 있었다.

  그것은 전에 침대에서 일어날 때 경험했던 그것과는 반대의 과정이었다. 유체가 다시 그때처럼 진동하면서 서서히 내려오다가 갑자기 떨어지더니 먼저대로 육체가 합쳐지는 것이었다. 이렇게 합쳐지는 순간에 육체의 모든 근육은 경련을 일으켰으며, 온 몸에서 짜릿한 아픔을 느꼈다. 그후 나의 육체는 다시 생기를 되찾게 되었다.

  위에서 말한 사건이 일어난 이후, 나는 수없이 많은 이탈을 경험했다. 최초의 이탈 광경을 그리는데 있어 나는 의식적으로 여러 가지 자세한 사항을 생략했다. 그러나 차차 이야기해 나가는 가운데 모든 것을 알게 될 것이다.

  회의론자나 초상(超常)현상 탐구자 들까지도 의식적 이탈자에 대한 첫번째 공박은 이탈자가 전혀 자기의 육체를 떠난게 아니라, 이탈이 일어났었다는 생각은 지워지지 않을 만큼 생생한 꿈에 불과하다는 것이다. 이렇게 우스꽝스런 판단에 대한 유일한 해답은 이것이다——의식이 있는데 알지 못하는 사람이 있다면 그는 그야말로 정신 감정을 받아봐야 한다고.

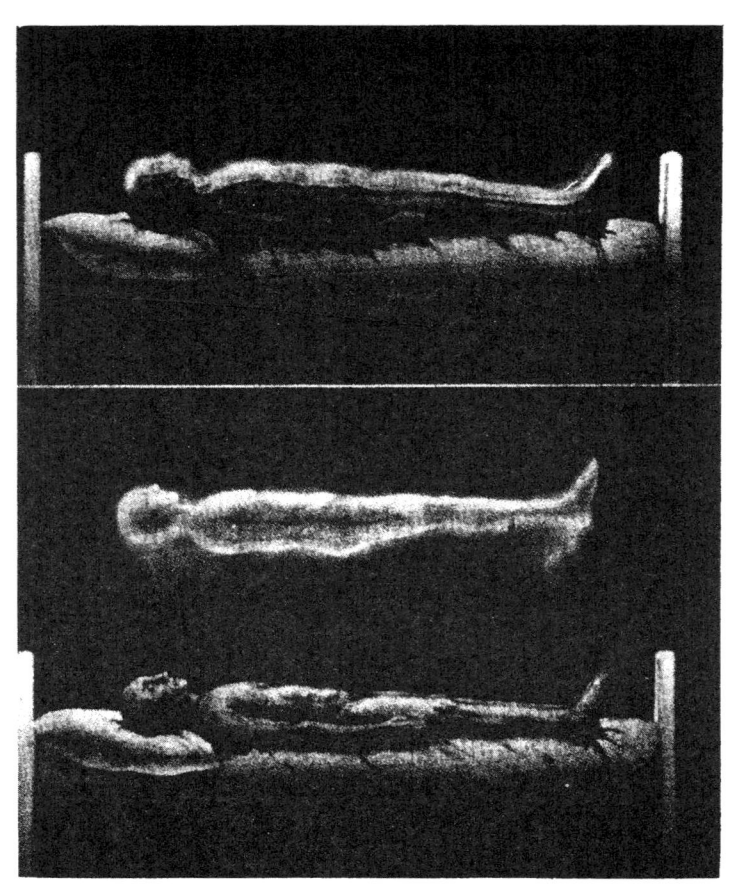

이탈하기 시작한 유체는 서서히 육체를 떠나고, 얼마후 영혼과의 관계를 끊으면서 유계(幽界)로 들어간다.

제 2 장
유체이탈의 유형과 제현상(諸現象)

1. 유체이탈의 유형

유체 강경증(幽體强硬症)

　우리는 누구나 강경증이라는 말을 들어 왔다. 웹스터 사전은 그것을 '근육이 빳빳해지면서 갑자기 감각과 의식을 잃어버리는 것'이라고 정의했다. 유체가 육체와 합쳐질 때 일어나는 것이 바로 그것이다. 그러나 강경증은 유체의 잠재의식적인 조종에 의해, 전술한 경험에서 처럼 그것은 육체 조직과는 관계없이 존재하는 것이다. 강경증하에서의 유체는 근육 강경증으로 빳빳해진 육체처럼 고착되어진다.
　어떤 사람의 육체가 강경증을 일으키면 그의 유체도 강경증을 일으키기 때문에 그런 상태에 놓인다. 우리들은 대부분의 최면술에서 그런 것을 실연(實演)하는 것을 본 일이 있다.
　그때 강경증으로 빳빳해진 피술자는 그의 몸통 한가운데다 커다란 돌맹이를 놓고 큰 망치로 두들겨대도 머리까지 수평으로 공중에 떠 있다. 그것은 유체의 강경증이 육체의 강경증을 가져 왔기 때문인 것이다. 강경증하에서 유체가 일단 외형화 하여 무력해지면 잠재의식은 마음대로 유체를 조종할 수 있다.

초능력이 나타나는 것은 이 때문이다. 우리가 모두 멀쩡하게 살아 있는 몸통을 똑바른 자세로 들어 올리려면 어렵기 짝이 없지만, 저항감이 없는 뻣뻣한 몸은 들어 올리기가 쉬운 것이다.

잠재 의식은 이 법칙을 이용하는 것 같이 보인다. 유체가 비록 강경증으로 조종되고 있을 때도, 의식이 부분적으로 작용될 수 있으나 보통때는 강경증상이 제거되지 않으면 작용하지 않는다.

이탈의 유형

이탈에는 세 종류가 있는데, 다음과 같이 분류할 수 있다. 즉, 의식적 이탈, 부분 의식적 이탈, 무의식적 이탈이다.

무의식적 이탈에는 두 가지 독특한 형태가 있는데, 첫째가 부동적(不動的)인 것, 둘째가 몽유병적인 것이다. 부동적이며 무의식적 유체 이탈은 수직, 즉 서있는 자세에서의 단순한 무의식적 유체강경증이다.

이 이탈은 이탈자가 그러한 자세를 하고 있을 때 자주 일어난다(앞 장에서 보인 바와 같이).

무의식적 이탈에 두 가지 현상, 즉 부동적 및 동적(몽유병적)인 것이 있듯이, 의식적 이탈에도 부동적 및 동적인 것이 있다. 무의식적 동형(動型) 및 부동형과, 의식적 동형과 부동형과의 유일한 차이는 후자에 있어서 피술자(被術者)가 깨어 있다는 것이다. 부동형이 항상 먼저 일어나고, 그것이 동형으로 발전하는 것도 분명하다.

유체적 몽유병(夢遊病)

육체적인 몽유병이 있듯이, 유체상태에서도 자면서 걸어 다니는 사람이 있다.

이것을 나는 '유체적 몽유병'이라고 부르고 있다. 그것은 무의식적·동적 상태가 보다 진행된 무의식적 이탈 상태이다.

그런 상태의 경우, 유체가 강경증에서 해방은 되지만, 무의식적 상태로 남아 있는데, 이런 것은 일반이 생각하기 보다 훨씬 보편적이다.

잠자는 동안에 많은 유체들이 주위를 돌아 다니지만, 그러는 동안에도 의식이 없기 때문에 결국 그들은 후에 사실을 알아 차리지 못하는 수가 많다

육체적 몽유와 마찬가지로 유체적 몽유에서도 잠재의식은 떠돌아 다니는 몸을 조절한다.

원거리 이탈

검토하여야 될 또 하나의 특수형은 '원거리 이탈'이다. 유체는 육체로부터 분리되어, 때로는 그가 간 곳에서 의식이 돌아올 때도 있으나 무의식 상태에서 어떤 먼 곳을 여행하는 수도 있다.

보통 영매들은 깨어 있을 때, 자기 잠재의식에다 자기가 가고 싶은 먼 곳으로 자기를 보내달라고 스스로 지시한다. 그 곳에서 일어난 경과와 일들을 알아보기 위해서다.

혼수 상태로 있다가 다시 깨어나면, 그는 자기가 원했던 곳에 있었던 것을 알지만 여행중이었던 사실에 대하여는 거의 기억하지 못한다.

제2장 유체이탈의 유형과 제현상(諸現象) 55

그러한 경우에 자기가 갔었던 실제 거리(距離)는 생각나지 않는데, 그 이유는 비행이 광속도로 이루어지기 때문인 것 같으며, 또한 그 중간 거리나 사물에 대하여는 항상 의식하지 않기 때문인 것 같다.

유체 원거리 이탈자의 기록이 다른 사람에 의하여 쓰여진 실례를 여기에서 들어보겠다.

바로 이 방면의 권위자인 윌리엄·T·스테드(Willam T. Stead)가 자기와 개인적으로 가까웠던 그 부인에 대한 이야기가 그것이다.

그녀는 멀리까지 이탈한 후에, 거기에서 모습을 나타내는 특수 능력을 가지고 태어난 여자였다. 그래서 그녀는 자기 친구들에게는 고민거리가 되었는데, 그 이유는 이 여자가 자기 친구들을 뜻밖에 유체 모습으로 찾아가 사람들을 놀라게 하기 때문이었다. 그러므로 친구들은 자연히 '그녀는 죽었음에 틀림없다. 이게 그의 유령이다'라고 생각하였다.

그러나 그러한 일이 너무 빈번했기 때문에 친구들은 결국 그 현상에 익숙해져서 대단한 흥미와 경탄으로 관심을 갖게 되었다.

아마도 원거리 이탈자 중에는 사실(전혀) 유체가 이탈된 것이 아니라 그들 자신의 잠재 의식적 소산때문인 사람이 많다.

만일, 의식적 이탈 유체가 거기에 갔다면 불그래한 원점 광경을 잠재 의식만으로도 볼 수가 있기 때문이다. '원거리 투시'에 대하여 어떤 저자는 이렇게 말하고 있다.

"이런 식으로 원경(遠景)을 보는 것은 마치 망원경으로 경치를 보는 것과 같다. 일반적으로 사람의 모습은 멀리에 있는 무대 위의 사람처럼 아주 조그맣게 나타난다. 그러나 그 모습이 아주 작게 보임에도 불구하고 그들은 마치 바싹 가까이 있는 것처럼 또렷하다.

행동하는 것을 볼때는 물론이고, 말하는 것을 들을때도 때때로 이러한 방법이 가능하다. 그러나 이런 일은 보통의 경우 잘 일어나지 않으므로, 우리는 그것을 시각 능력이 필연적으로 갖는 하나의 당위성이라기 보다는 오히려 부수적인 어떤 힘때문에 그렇게 되는 것이라고 생각해야 할 것이다."

"이러한 유형(類型)의 예에서 볼때, 원격투시자는 실제적으로 자기의 육체를 전혀 떠나지 않는 것이라는 것을 알 것이다. 단지 그는 손수 일종의 심령 망원경을 만들어 가지고 사용하는 것일 뿐이다. 결국 그는 먼데 있는 경치를 볼때에 자기의 심령적 힘을 이용하는 것이다."

유체의 세 가지 동작 속도

유체가 여행하는 데는 세 가지 각기 다른 속도가 있다. 첫째는 자연 속도 즉 정상 속도인데, 이것은 당사자가 의식이 있어 바로 이웃을 마음대로 돌아 다닐 때나 유체적 몽유병 상태에 있을 때 사용되는 것으로 그냥 걷는 것이다,

둘째는 중(中)속도로서, 이것은 당사자가 별로 힘들이지 않고 움직이는 것인데, 정상 속도보다는 **빠르나** 감지력(感知力)을 잃을 만큼 빠르지는 않다.

이런 일이 일어날 때는 자기가 움직이는 것 같이 보이는 것이 아니라, 모든 사물이 자기에게로 오고 있는 것처럼 보인다.

들이나 집들이 마치 기차를 탔을 때 질주해 지나치듯 자기

를 막 통과해 가는 것이다.

유체가 문을 통과하는 것이 아니라 문이 유체를 통과해 가는 것 같이 보인다. 빗줄기(섬광 빛)들이 유체로부터 튀어나오므로, 유체가 이 중속도로 움직일 것 같으면 약 2피트 뒷쪽으로 뻗친다.

이 섬광은 인광(燐光)처럼 보이는 것으로, 유체의 색―― 유성(流星) 뒤에서 섬광이 뻗치듯 유체 뒤에서도 섬광이 뻗친다. 이 중속도는 피험자로 하여금 의식을 잃지 않고 상당한 거리를 금새 갈 수 있도록 하기도 한다.

세째는 초상(超常) 속도이다. 이것이 일어날 때는 언제나 당사자가 의식하지 못한다. 유체가 대단히 먼 거리를 갔다가 돌아올 때와 같은 경우, 이 초상 속도가 작동한다.

그런 속도로 광대한 지역을 날아가므로 그 중간 거리를 기억하기란 전혀 불가능한 일이다. 왜냐하면, 생각하는 의식 자체가 너무나 느려서 단 한 가지를 생각하기도 전에 피험체는 이미 도착될 것이기 때문이다. 대단히 먼 거리를 갈 때는 이 속도가 이용된다.

이탈의 유인(誘因)

유체이탈이 단지 자연스런 수면중에만 일어나는 것이라고 생각해서는 안된다. 당사자가 실제적으로 무의식 상태에 있을 때면 언제든지 일어날 수 있는 것이다. 병환중일 때, ―― 특히 안정되고 차분한 그러한 유(類)의 병환―― 유체이탈은 일어날 수 있으며, 또 자주 일어난다.

육체가 허약하고 맥이 없거나 무기력해 질수록 스스로 유체 부분이 이탈하기 쉽다. 그런 때는 물질적 저항력이, 이탈을 촉진하는 내적 작용을·붙잡는 힘을 약화시키기 때문이다. 사람들은 그것을 의식하지 못하겠지만, 임종시 많은 사람들은 그 육체가 마지막 숨을 거두기 이전에 이미 유체가 몸을 일으켜 세우는 것이다.

　육체의 쇠약이 영매소질(靈媒素質) 같은 것으로의 유인이 된다는 것이 나의 확고한 신념이다. 이러한 병적 요인이 또한 유체이탈에도 들어 맞는다. 이러한 말이, 많은 저명한 권위자들의 생각에 반(反)한다는 것을 나는 알고 있다.

　완전한 육체적 조화(건강)가 유체이탈 현상을 일으키게 하는데 불가결한 필수조건이라 보는 것이 통속적인 생각인 것 같은데, 나는 이에 대한 나의 직접적인 경험에 의해 반대하지 않을 수 없다는 것을, 믿을만한 특별한 이유를 제시함으로써 이상의 통속적인 생각을 버리라고 주장하는 것이다. 외형화(이탈)는 최면술이나 메스메리즘(mesmerism : 動物磁氣催眠術)에 의해서도 유도되어 질 수 있다. 예를 들어, 퍼키프시 출신의 세계적 대예언가 안드루 잭슨 데이비스가 최면술사 윌리엄 리빙스턴에 의하여 어릴 적에 유체이탈을 일으키게 되었던 사실은 의의있는 일이다. 데이비스의 첫 유체이탈 경험은 공중을 나선형(螺旋形)으로 나르는 것이었다.

즉석 유체이탈

　심한 쇽크, 특히 두부(頭部)의 타격이나 극도의 충격 —— 이때, 결과적으로 무의식적 이탈이 나타나는데 —— 은 새로운 즉석 유체이탈의 일반적인 원인이 된다. 당신이 즉석 유체이탈을 한 번 경험해 보고 싶다면 친구나, 아니 더 효과적인 방법으로 적으로 하여금 야구 방망이로 당신의 머리통을 내려 치도록 하라.

이것은 가장 간단한 방법을 제시한 것이지만, 이때는 의식을 잃을 수도 있으므로, 다음에 이야기할 어떤 방법을 활용하는 것이 좋을 것이다. 그러나 농담이 아니라 피해자가 그것을 알거나 모르거나 심한 타격이나 급격한 동요는 신속하고 순간적인 유체 분리를 자주 가져 온다는 것은 사실이다.

순간적인 의식적 유체이탈

내 이웃에 사는 70세의 할아버지에게서 나는 순간적이며 의식적인 유체이탈에 관한 이야기를 들었다.

그 할아버지는, 어느 겨울날 말에다 썰매를 매어 땔감을 싣고 시골엘 갔었다. 돌아오는 길에 그는 짐을 실은 썰매 위에 앉아 있었다.

함박눈이 사뿐사뿐 내리고 있었다. 그런데, 이때 길가에 있던 사냥꾼 하나가 난데없이 토끼를 향해 총을 탕 쏘았다. 말들이 깜짝 놀라 펄쩍 뛰는 바람에 썰매가 요동하면서 이 할아버지는 그만 꺼꾸로 땅에 곤두박질 하고 말았다.

그는 그때의 일을 회상했다. 자기가 땅에 떨어지자마자 그는 이상하게 일어나 서 있는 자신을 의식했는데, 또 하나의 '그 자신'이 길 위에 꼼짝않고 누워 있는 것도 보았다.

그는 눈이 내리고 있는 것, 썰매가 말에 끌려가는 것, 사냥꾼이 자기에게로 달려 오는 것을 모두 보았다.

이 모든 것은 틀림없는 것이었다. 또 하나의 육체가 진행되는 일들을 낱낱이 보고 있었기 때문에 어리둥절 할 뿐이었다.

이런 즉석적인 이탈은 특별한 것이 아니다. 많은 사람들이 어느 정도는 이런 경험을 가지고 있는 것이다. 그러나 그것이 어떠한 일인지 잘 모르고 지낼뿐인 것이다.

즉석적 유체이탈이 얼마나 오랫동안 지속하느냐 하는가는 그것을 유발케 한 충격의 심도에 달려 있다.

다음은 간단한 형태의 유체 분리에 적용되는 두 가지 공식이다.

(1) 신체가 일정한 방향으로 운동하고 있을 때, 갑작스런 힘이 그와 반대로 주어지면 유체는 즉각 정지하지 못하고 그 방향으로 운동을 계속하다가 순간적으로 이탈을 가져 오게 된다.

(2) 일정한 방향으로 운동하고 있는 물체가 돌연 불활성(不活性) 물체에 부딪치면 유체의 일부가 그 방향으로 약간 이탈하게 된다[그러나 그 직후 유체는 물질체와 합쳐진다].

이것은 단지 순간적인 단(短)거리 이탈인데, 번갯불 속도로 이루어진다는 것을 알아야 한다. 너무나 순간적이기 때문에 그를 경험하는 피험자가 좀 어리둥절함을 느낄 뿐 의식이 없게 된다. 또 어떤 사람은 마치 공중을 나르는 듯하거나 또는 명치(가슴)가 두근두근하는 느낌을 갖게 된다.

자동차의 급정거로 타고 있던 사람들이 갑자기 확 밀쳐지면 그때 유체와 육체 사이에 순간적 부조화가 생겨나 아슬아슬한 감을 느끼게 되는데, 이러한 일은 우리에게 흔히 있는 일이다.

2. 실족(失足)에 의한 이탈

 뜻하지 아니한 충격이 유체를 이탈케 한 실례를 하나 더 들어 보겠다.
 몇 년 전 어느날 저녁, 나는 우리 집 계단을 내려가고 있었다. 나는 잠을 자고 있던 중이었으므로 아직 졸음이 안 가시었다. 계단은 열 다섯개였다.
 나는 한 평생을 이 집에 살았으므로 이 계단을 수 없이 오르내렸던 것이다. 그곳(계단)에 익숙하면서도 다 내려와서는 한 계단을 더 내려 밟으려다가(많은 사람들이 이 짓을 잘 한다) 나는 심한 충격을 받았다.
 명치 끝의 숨이 꽉 막히는 것 같더니 육체가 마루 바닥에 넘어지기도 전에 완전한 의식 상태에서 이탈되어 있음을 알게 되었다. 이것은 '내가 의식이 있다고 생각했었다'는 뜻이 아니라 '나에게 의식이 있었다'는 뜻이다.
 나는 육체가 마루바닥에 넘어지는 것도 보았으며, 또한 육체가 넘어지는 것을 몇 발짝 떨어진 곳에 서 있으면서 알수도 있었다.
 그러한 일이 실제적으로 어떻게 하여 일어나는가를 여기서 분석, 검토해 보기로 하자. 그렇게 함으로써 우리는 유체이탈에 대한 기본 법칙을 발견할 수 있을 것이기 때문이다.

이탈이 일어나도록 하는 것은 의식이 아니라 잠재의식이라는 것을 알아야 한다. 우리는 의식적인 힘으로 걸을 수 있으나 보통은 잠재의식하에서 무의식적으로 걷는 것이다.

몸이 잠재의식하에서 운동하고 있을 때 갑자기 어떤 장애가 육체를 가로 막으면 유체는 계속하여 운동하고 있던 방향으로 나아간다. 이때 추진(推進)만을 의식하고 있다면 이런 일은 일어나지 않는다.

계단을 내려오고 있을 때 내가 발 디딘 것을 의식하고 있었다면 실족하지는 않았을 것이다. 그러나 내가 잠재의식하에 있었지만 급강하를 의식하지 않았었기 때문에 장애(마루바닥)가 육체를 가로 막았을 때 잠재의식은 여전히 내려 갈려고 하므로 사실 유체가 이탈하여 나온 것이다.

여기에서, 즉석적 분리의 원인을 분석해 보면 다음과 같은 결론이 자명해진다.

(1) 신체(합쳐진)는 무의식적으로 움직일 수 있다.

(2) 신체는 의식이 작용할 때도 무의식적으로 움직일 수 있다.

(3) 신체는 의식이 작용하지 않을 때(몽유병중)에도 무의식적으로 움직일 수 있다.

(4) 신체가 무의식적으로 움직일 때도 그것을 움직이게 하는 것은 잠재의식이다.

이것은 유체이탈의 기본 법칙이다. 만일에 잠재의식(잠재력)이 신체(합쳐진)를 움직이고자 할때, 육체가 말을 안 들으면 잠재의식이 유체를 독립시켜 움직이게 할 수 있다.

육체적 무력(無力)이란 무엇인가?

여기에서 '육체적 무력'이란 무슨 뜻인가? 그것은 단순히 잠재의식이 움직이기 시작하는 순간, 육체가 반응하기에 충분할 만큼 활동적인 상태에 있지 못함을 의미한다. 대체적으로 잠자는 동안 신체는 잠이 깨어 있을 때와 같이 활발한 상태에 있지는 못하다. 심장의 고동은 평소보다 느리게 되고, 모든 기능이 보통 깨어 있을 때 유지하는 수준 이하로 떨어진다.

피험자가 병적 상태에 있으면, 육체의 기능은 즉각 반응하지 않는다. 따라서 피험자가 몸이 약하면 약할수록 보다 쉽게 이탈이 일어날 수 있다.

《꿈의 심리학》에서 월쉬(Walsh)는 이렇게 말하고 있다.

"일단 잠이 들기 시작하면 육체 구조에 변화가 일어난다. 맥박과 호흡은 느려지며 빨라지지 않는다. 혈압은 떨어지고 땀이 많이 나온다. 위장·내장·신장·간장 기타의 기관이, 속도는 느리지만 능동적이다. 육체의 조직에 요구되는 작업량이 깨어 있을 때보다 한층 적기 때문에, 이들이 하던 일은 쉴 수가 있다. 그리하여 회복(기운)이 넘치기 때문에 잠을 적당히 잔 후에는 여러 가지 조직이 충분히 복구된다."

그러므로 '육체적으로 무력하다'는 것은 잠재의식이 신체를 움직이려고 할때, 피험자가 즉시 활동하지 못할 만큼 대단히 소극적인 상태를 의미한다.

몽유병자를 생각해 보자. 그가 잠자는 동안, 잠재의식은——대개는 억압된 욕구(欲求)에 의하여——신체를 움직이게 된다. 그런데 잠재의식이 동작을 개시했을 때, 그의 육체가 제 때에 맞추지 못할 만큼 무력(소극적)하지가 않기 때문에, 잠든 자가 침대에서 일어나(유체이탈하지 않고) 걸어다니는 것이다.

그때, 그가 몹시 소극적이었다면 유체가 육체로부터 분리되어 동작했을 것이며, 유체적 몽유병자가 되었을 것이다.

의식(心)은 어떻게 생겼는가? 의식은 이 때에 존재하는 것인가? 의식이 없을 때 그것은 어디에 가는가? 이들은 초자연적 철학에 대단히 밝은 학자들도 대답할 수 없는 의문들이므로 언제까지나 풀리지 않을것이 틀림없다.

반수반성(半睡半醒) 상태

이탈의 시초부터 의식이 있으면 에테르체(體)의 분리(分離)는 반수반성 상태에서 시작되는데, 그것이 의식과 무의식 사이의 경계(境界)가 된다. 반수반성 상태에 대해 월쉬는 이렇게 말했다.

"우리들은 잠이 들기 전에 반은 깨어 있고 반은 잠들어 있는 단계를 거쳐야 한다. 보통 반수반성 상태는 몇 초간 밖에 지속되지 않지만, 약 15분 정도는 연장될 수 있다.

흔히 수면 상태로부터 깨는 상태로 들어갈 때가 그 반대때 보다 시간이 길다…… 잠이 들어 감에 따라, 떨어지는(높은 데서) 느낌을 경험할 수 있다. 이것은 그 조직이 일반적으로 이완(弛緩)되기 때문이다…."

의식적 이탈의 대부분은, 잠으로부터 깨어날 때의 반수반각 상태에서 시작하면 잘 일어나게 된다.

외형화(外形化)시의 감정

의식이 깨어 있으면, 유체가 전진해 간 자리는 자연적으로 피험자가 경험할 최초의 감각을 결정하게 되므로 각각 분리

(分離)의 정도 차에 따라 그 감각도 각기 다르게 나타난다. 만일, 의식이 처음부터 반수반성 상태에서 희미하게 나타난 데서 잠재의식이 이탈 성향(性向)을 띠었다면 그 순간 처음으로 느껴지는 것은 자기가 '어딘가에' 와 있구나 하는 생각이다.

만일에 1, 2초 후, 약간 짐작되는 것이 있다면 '달라 붙었다' 즉, 강경증이 일어났다는 생각이 먼저 들 것이다. 그리고는 바로 '떠서 움직이는 느낌' 또는 흔들림 같은 것을 짐작하게 될 것이다.

이렇듯, 맨 처음으로 느껴지는 생각은 매우 중요한 것이다. 왜냐하면, 의식적 이탈은 그 유체의 동작이 불쾌한 느낌을 가져 오고, 그것이 다시 어떤 감정을 유발하기 때문에 허사가 되어 버리는 경우가 대부분이기 때문이다.

다음 법칙은 그러한 현상에 적용되리라고 본다. 즉, 불쾌·놀람·공포 등의 감정은 피험자가 정상적으로 즉, 육체적으로 올바르고자 하는 잠재의식에 대해 명백한(즉, 커다란) 암시가 된다.

이 때문에 최초의 생각이, 이탈에서 성공하느냐 못하느냐에 영향을 주게 된다.

유체의 행위가 감정에 영향을 주고, 감정이 또한 유체의 행동에 영향을 준다는 것은 어쩌면 역설같이 들릴지 모른다. 그러나 그것은 사실이다.

또한 신경증이 이탈에 좋은 요인이 된다는 것, 또 감정은 침착해야 된다는 것 등은 공인된 견해에서 어긋나는 것 같이 보일런지 모르나 이것 역시 사실이다.

그러나, 이탈에 있어 그러한 일반 상식에 어긋나는 조건이 없다면, 누구나 쉽사리 그것(이탈)을 경험할 것이다. 의식적 유체이탈에서는 자기의 감정을 조절하지 못하는 사람은 누구도 성공하지 못할 것이다.

제3장
유체의 외형화(外形化)

1. 외형화 되는 유체의 모습

이탈시의 유체의 통로

　잠재의식은 특수 통로를 통하여 유체를 내보낸다는 것과 방출시, 육체의 자세는 '복체'가 빠져 나갈 방향을 언제나 좌우한다는 것을 명확히 한 사람은 이것이 처음이라고 나는 생각한다.
　신체가 누워 있는 자세, 즉 평행 자세일 때 유체는 신체로부터 그 물질체(육체)에 엄격히 평행을 유지하면서 윗쪽으로 나아간다. 대체로 두 몸체의 모든 부분이 한꺼번에 분리된다. 에테르 부분이 전신(全身)을 통하여 좌우 방향이 아니고 상하로 진동한다.
　보통 유체는 한 번 올라 갈 때에 1인치 밖에 나아가지 않으며, 여러 번 제 자리에 떨어졌다가 윗쪽으로 천천히 올라간다.
　약 1피트쯤 이탈해 올라간 후, 유체는 지그재그로 나아간다. 이때, 그것은 흐르는 시내에서 물속에 잠긴 막대기가 앞뒤로 지그재그를 그리는 것과 대단히 흡사하다. 이 쯤에서 정신이 들면, 익숙해진 사람이면 몰라도, 거의 언제나 감정을 자극시켜 유체를 내형화 시키게 된다.

이렇게 하여 유체는 결국 '외피(外皮)' 위로 3피트 내지 6피트 정도까지의 높이에 도달한다. 이 지점에서 '똑바로 세우는 힘'이 작용하기 시작한다. 즉, 하반신(下半身)은 아래로 이끌려 내려가기 시작하는 반면에, 상반신은 위로 움직이기 시작하여 유체는 수직, 즉 서있는(立) 자세를 이룬다. 마치 신체의 한 가운데에 지렛대[지축(支軸)]가 있는 것과 같다.

  잠재의식적 콘트롤이 유체를, 외피(헛껍데기) 바로 위에서 곧바로 세우지 못할 때가 있으나 높이 약 5피트 가량의 공중에서 수평으로 한동안 있게 두었다가 그 다음에 수직이 되게 한다. 반듯하게 세워지기 시작하면 진동은 멈추지만 지그재그 운동은 좌우로 더욱 심해진다.

  시각(視覺) 기능이 작용해 오면, 처음부터 다채로운 오로라[ourora : 背光]가 보일 수 있다. 이것은 몸이 수평 자세로 있다가 외형화(이탈)가 일어났을 때 언제나 유체가 갖는 통로이다. 그 모든 과정은 급속히 일어날 수도 있고 지연될 수도 있다.

  유체의 외형화는 유체의 다른 또 하나의 현상, 즉 '죽음'과 다를 것이 없다.

  유체의 동작이, 죽을 때나 외형화시와 딱 한 가지 다른 점은 여기에는 육체와 유체가 연결된 생명의 줄이 없다는 것이다.

  또 죽을 때에도, 유체이탈시와 똑같이 유체가 얼마 동안 의식이 없을 때가 있다. 어떤 사람은 곧 제 정신이 든다고 하는가 하면, 어떤 사람은 잠시 꿈꾸는 상태에 있다고도 하며, 또 어떤 사람은 오랫동안 무의식 상태로 있다고도 한다.

유체 외형화의 여러가지 상태

이제 여러분은 유체이탈의 초기 상태에 대하여 경험했던 일이 몇 가지 생각 날 것이다. 즉, 무엇에 달라 붙어 있는 것 같은 느낌, 둥둥 뜨는 것 같은 느낌, 지그재그의 운동감, 곧바로 세워지는 것 같은 느낌, 반수반성(半睡半醒) 상태에서의 뜀뛰기, 명치에서의 숨막힘, 의식이 머리로부터 사라지는 것 같은 느낌 등등.

여러분이 모르고 있을 때도 여러분들에게는 이와 같은 상태가 여러 번 일어났을지도 모른다. 여러분이 그것을 의식한다면 의사는 그것을 '신경증'이라고 단언할 것이다. 그러나 '신경증'이 그러한 특수 현상을 일으킨다고 환자에게 말하기는 쉬우나 '신경증'이 어떻게 하여 이러한 현상을 일으키는가를 환자에게 말해 주기란 매우 어렵다고 할 것이다. 유체가 육체와 단단히 매여져 있지 않기 때문에 신경증은 그러한 특수 현상을 일으키게 하는 것이다.

그 다음, 현기증이란 무엇인가? 그것은 유체가 이완된 상태이다. 무엇이 유체를 이완시키는가? 여기에는 여러 가지가 있다. 가령 두부(頭部)의 타격이나 주요 장기(臟器)의 비정상적 기능 등등이 있다.

여하간 현기증은 유체가 육체에 단단히 매여져 있지 않음을 의미한다. 현기증이 나면 우리는 유체가 이완되어 거의 육체에서 벗어났기 때문에 비틀거리게 된다.

차의 질주도 유체를 이완시키기 때문에 현기증을 일으킨다. 이것과 관련하여 '패키어'라는 사람이 유체이탈을 성공시키기 위해 자주 '질주'에 의지했던 것을 보면 참으로 흥미롭다. 유체 외형화의 다른 몇 가지 상태를 보면 강경증, 신체의 냉증, 떨어지거나 날아가는 꿈, 머리를 얻어 맞는 꿈 등이 있다.

 사람들은 불빛이나 영상(映像), 사람 모습을 보기도 하며, 여러 가지 소리를 듣는 수도 있다. 프레스코트 헐(Prescott Hall)은 이에 관련하여 다음과 같은 자신의 체험을 간단히 소개한 바 있다.

 "가장 뚜렷이 보인 것은 어느 희랍 사람이고, 다음은 터어번을 감은 어느 인도 사람의 머리와 어깨였다. 이들은 아주 또렷했다. 셋째는 크고 둥근 파랑 불빛이었으며, 넷째는 조그맣고 푸르며 노란 불빛이었으며, 다섯째는 풍경이었으며, 여섯째는 여러 가지 흰색의 물건 모양 등이었다. 또 들려온 중요한 소리는 쉬── 하는 소리, 휘파람 소리, 간단한 곡조, 찬송가 소리, 또는 종소리, 쇠소리 등이었다."

혼　줄

 거의 모든 심령과학 연구자들은 한결같이 '혼줄'이 탄성적(彈性的)적 구조로 유체와 육체를 연결시키고 있다고 알고 있다. 그리고 이것이 도식적(圖式的) 유체 구조에 관하여 이제까지 세상 사람들이 알고 있는 지식의 한계인듯 하다. 그러나 그것은 무지(無知)때문이 아닌가 생각된다.

 사람들이란, 한편으로는 자신이 직접 이탈해 보지를 못해 남이 말한 것으로부터 단안을 내리는 심령실험자들이고, 또 한편으로 이탈은 했지만 그때 의식을 뚜렷하게 갖지 못한 대부분의 사람들이 하는 이야기이다.

 의식적 이탈 중, 나는 여러 번 혼줄에 대한 특수 역할을 자세히 시험 관찰하는 데 성공한 바 있다. 그런데 내가 본 바로는 혼줄의 구조는 유체와 똑같은 물질, 즉 본질로 이루어져 있다.

　혼줄의 상궤(常軌)를 벗어난 엉뚱한 작용은 언제나 나에게 대단히 깊은 인상을 주었는데, 나로서는 혼줄이 사실상 지적(知的)인 것이라고 생각될 때가 한 두번이 아니었다.

　유체가 탈출할 때, 혼줄은 어디에서 나오며 또, 유체가 육체와 합쳐질 때 어디로 사라지는가는 나로서는 도저히 알 수 없는 미스테리였다.

　혼줄이 탄력적이라는 것이 사실과는 너무나 거리가 먼 생각이었고, 그 늘어나는 성질로 보아서 물질체와 비교될 그러한 것은 아니었다.

　양체(兩體) 사이의 거리가 짧을수록 혼줄의 두께는 굵으며 자기 인력(磁氣引力)이 강하며, 유체가 안정을 유지하기가 어렵다.

　유체가 약간 이탈했을 때의 끈의 직경은 미국 은화(銀貨)만 하다. 이것은 그 끈 자체의 최대 직경이고, 그 끈을 둘러싸고 있는 오오라까지 합치면 그때의 두께가 약 6인치 가량으로 보인다.

　그 직경은, 양체(兩體) 간의 분리된 그 거리에 비례하여 일정한 거리까지는 점점 가늘어진다. 거기서부터 직경은 최소화 되고 그 다음부터는 한없이 똑같은 굵기를 유지하는데 그때의 직경은 보통의 재봉실의 그것과 같다.

　그런데 유체가 분리되는 순간으로부터 혼줄이 최소 직경이 되는 거리까지의 사이에서는 언제나 유체의 활동이 크다. 이 거리를 '혼줄의 활동 범위'라고 부른다.

　나는 이 '혼줄의 활동 범위'가 얼마나 멀리까지 뻗치는가를 확인하고 싶었다. 그것은 유체의 이탈에 관하여 중요한 의의를 갖는 것이라는 생각이 들었기 때문이다. 그래서 나는 처음으로 의식적 이탈을 경험한 뒤부터 그 혼줄이 가장 가늘어지면 바로 그 지점을 유심히 눈여겨 두었다가, 다시 육체가 소생했을 때 줄자를 가지고 그 혼줄의 활동 범위를 측량해 보았다.

그랬더니 그 길이는 15피트였다. 얼마 동안은 이 거리가 정확하게 재어진 것이라고 생각했었다. 그러나 처음 것을 확인해 보려고 다시 시험해 보니, 결과가 다르게 나왔다. 이때의 그 거리는 겨우 8피트 밖에 안되었다.

그 후에, 혼줄의 활동 범위는 일정한 것이 아니라는 것이 분명해진 것이다. 약 1년 간, 그 문제에 대하여 곰곰히 생각하고 나는 혼줄의 활동 범위가 왜 일정치 않은가 하는 것을 결국 알게 되었다. 즉, 평상시보다 건강 상태가 좋지 않을 때는 활동 범위가 신체적으로 조건이 좋을 때보다 작다는 것이다.

시험을 반복해 본 결과, 위의 사실은 더욱 확실해졌다. 따라서 이 유체이탈 현상을 파고 들어가면 들어갈수록, 결국 육체적 조화가 강력하고 또 커다란 영향을 주는 요인(要因)임이 확실하다는 것을 강조하지 않을 수 없다.

피험자가 건강하면 건강할수록, 즉 에너지가 콘덴서(유체)에 많이 저장되어 있으면 있을수록(적어도 그가 이탈에 성공했다면), 혼줄에 흐르는 에너지가 더 강할 것이며, 혼줄의 활동 범위도 더 클 것이다.

에너지가 유체 내에 많이 축적되어 있으면 있을수록 유체는 육체에 더 단단히 매어 있게 된다. 반대로 에너지가 부족하면 할수록 그 매듭에 힘이 없고 혼줄의 활동 범위도 짧아진다. 그래서 어떤 사람의 기력이 극도로 약해지면 유체가 육체에 머물러 있을 수 없어 떠나버리게 된다. 그럴 때, 의사는 '영양분을 받을 수 없기 때문에 죽었다'고 말한다.

유체의 몸은 우주 에너지, 즉 여러분이 활동하는데 쓰이는 바로 그 에너지의 콘덴서이다. 이 에너지가 모든 생물에 존재하는 '생명의 숨'이다.

"……그리고, 천주께서는 흙으로 사람을 빚은 뒤, 코에다 생명의 숨을 불어넣으시니 곧 사람은 산 인간이 되니라."는 아담과 이브의 이야기는 한날 지어낸 이야기가 아니라, 매우 적절하고 정확한 표현인 것이다.

인간에게 이 '생명의 숨'이 없다면 정말로 땅의 흙에 지나지 않을 것이다. '생명의 숨'은 유체 내에 응축되어 있는 우주 에너지로서, 여러분은 어떠한 순간에도 사용하지 않을 때가 없다. 여러분은 여러분이 살아 있는 몸이라고 생각하고 있는데, 사실상 여러분은 모세의 말과 같이 '살아 있는 혼'인 것이다.

소음(騷音)에 의한 내형화(內形化)

한 번은 내가 15피트 전진해 가서 아직 혼줄의 활동 범위 내에 있었을 때의 일이 생각난다. 때는 밤중 11시쯤이었다. 진행과정이 비정상적이고 느렸다.

가족 중 누군가가 지하실에서 벽난로의 받침쇠를 맹렬히 흔들어 대기 시작했다. 소음이 뜻밖에 들려오는 것이었다.

혼줄 전체가 순간적으로 진동하는 것 처럼 보였다. 초견인력(超牽引力)이 나를 잡아 끌으니, 직립(直立) 자세로부터 수평 자세로 바뀌어 육체 바로 위 공중에서 유체가 내려와 두 몸이 들어 맞추어지는 것이었다. 그 전 과정이 이루어진 시간은 눈 깜짝할 사이였다.

소리와 감정은 다른 어떠한 요인보다도 유체를 재빨리 — 흔히 번갯불 속도로 육체에로 되돌아 가게 만든다. 그럴 때는 언제나 육체에 쇼크를 주며 때로는 아픔을 가져 오기도 한다.

나는 이것을 '양체(兩體)가 어긋나서 생기는 느낌'이라고 보는데, 이것은 '반향(反響)'이라 불리운다.

유체의 반향(反響)

혼줄의 활동 범위 내에서는 여러 가지 이상한 현상이 일어난다. 즉, 유체 자체의 반향·감각 반향·동력 반향·2중 감각·무감각·강경증·신체 불안정 등등이 그것이다. 우리는 우선 유체 자체의 반향에 대하여 생각해 보기로 하자.

아마도 가장 일반적인 신체 반향의 원인은, 무의식 이탈 과정 중에 의식이 들어오는 것이라고 할 수 있다. 갑자기 의식이 나타나기 시작했을 때, 유체는 혼줄의 활동 범위 내에서 어느 거리까지 무의식 상태에서 이탈되어질 수 있다. 그러나, 유체는 의식이 막 들어오려는 거의 직전에 상상할 수 없을 만큼 빨리 육체로 돌아와 반향을 일으킨다.

이렇게 하여 재차 육체와 합쳐졌을 때 육체의 전 조직은 온통 진동한다. 마치 육체의 모든 근육이 동일 순간에 오그라 들고 몸이 발작적 경련을 일으키게 된다. 다른 어떤 부위보다도 가장 현저한 곳은 팔·다리 부분이다. 대체로 이런 반향이 있은 직후에 피험자는 육체적으로 의식이 찾아온다.

수많은 사람들(아니 모든 사람들)이 밤에 잠을 잘 때는 언제나 우주 에너지를 받아들이기 위해 유체를 약간 이탈시켜 놓고 있다.

여러분이 아주 피로해서 반수반성 상태에 있을 때(바로 잠이 들어갈 때), 어떤 경우, 갑자기 깜짝 놀라 정신이 든 것을 느낀 일이 있을 것이다. 의사는 대개 이것을 '신경성'이라고 하지만 그것은 모르는 이야기이다.

　이 문제의 해결은 간단하다. 유체인 콘덴서가 힘이 약해지면 잠재의식이 보다 빨리 콘덴서의 기능을 회복시키기 위하여 가능한 한 빨리 그것을 이탈시키게 한다. 그러므로 피로하거나 기력이 없어서 반수반성 상태에 들면 유체가 이탈한다. 의식이 아물거리거나 갑자기 소음이 나거나 무엇인가가 공포 같은 감정을 유발케 하면, 가령 몇 인치도 분리해 나가지 못했다 할지라도 유체가 반향을 일으켜서 육체에 쇼크를 주게 된다.

　이때 그 속도가 빠르면 빠를수록, 그리고 그 거리가 멀면 멀수록 그 진동은 강하다. 즉, 속도와 거리의 합계가 최대의 반향을 일으키게 한다. 그러나 속도가(그 두가지 중) 더 중요하다. 왜냐하면, 불과 1피트의 이탈 거리일지라도 육체에 되돌아 오는 속도가 강하면 육체는 심한 쇼크를 받게 되기 때문이다.

　한 가지 알아 둘 일은 한 번 어떤 일로 반향을 일으켜 유체가 되돌아 오게 되면 그 후부터는 쇼크의 두려움 때문에 이탈이 잘 안된다는 것이다.

제 4장
유체이탈에 의한 여러가지 꿈

1. 꿈과 유체이탈과의 관계

전형적인 '이탈'의 꿈

유체가 이탈됨으로써 꾸어지는 꿈에는 몇가지 '상습적'인 꿈이 있는데, 이제 우리는 그에 대해 논의하고자 한다.
(1) 떨어지는 꿈
(2) 날으는 꿈
　① 둥둥 뜨는 꿈 ② (직립으로) 날으는 꿈 ③ 크게 활보하는 꿈
(3) 몸과 머리를 쑤석이는 꿈
(4) 머리를 후려 맞는 꿈
(5) 환영체(幻影體)에게로 다가서는 꿈

여러분은 날으는 꿈과 떨어지는 꿈을 꾸어 본 경험이 있을 것이다. 그러한 경험이 있다면 그럴 때 대단히 불쾌했으리라 생각된다.

그러한 꿈들을 설명하는데 수 많은 이론(理論)이 나왔으며, 또 그 중에는 그 이론의 창시자가 놀랄만큼 엉터리라는 사실도 흔히 있다. 그러나 그러한 꿈은 일단 여러분이 유체이탈 경험을 해보아야 비로소 쉽게 이해된다.

이제 월쉬가 떨어지는 꿈에 관하여 어떻게 말했는가를 알

아 보고 우리가 이미 유체이탈에 관하여 배웠던 것과 비교해 보기로 하자.

월쉬 박사는 다음과 같이 말했다.

"떨어지는 꿈은 결코 유쾌한 것이 못된다. 그런 꿈을 꾸는 사람은 대개 충격을 받아 잠을 깨게 된다(반향 참조). 미신에서는 낭떨어지 같은 데서 떨어지는 꿈을 꾸는 사람은 죽으리라……고 한다. 이것은 꾸민 이야기임이 틀림없지만, 하여간 히스테리나 신경증 환자는 기능 마비나 쇠약으로 인하여 떨어지는 꿈을 꾸는 수가 있다. 떨어지는 꿈은 날으는 꿈과 관련되는 수가 많아서 날다가 떨어지기도 하고 날으는 것과 상관없이 떨어지기도 한다. 예를 들어 신나게 날다가 갑자기 떨어지는가 하면, 날으는 꿈도 없이 산꼭대기나 기타 어떤 높은 곳에서 떨어지기도 한다. 날으는 꿈에서 우리는 언제나 땅바닥에 떨어지기 전에 잠을 깨게 되는데, 이것은 우리가 꿈을 꾸고 있을 때 이미 잠이 깨고 있는 도중에 있기 때문이거나, 꿈으로 흥분된 감정이 너무 강하여 잠을 깨게 하기 때문이다. 떨어지는 꿈을 꿀 때 보면 호흡의 장애가 오고 느리며 피부에 감각이 없어진다…… 이러한 꿈의 원인은 때로는 건강에 어떤 장애가 왔을 때나, 신경성으로부터 오는 수도 있다."

그러나 내 생각으로는 보통의 떨어지는 꿈은 이탈된 유체가 내형화 하는 것임에 틀림없다. 유체가 육체로부터 몇 피트 쯤 떨어진 곳에 있을 때, 어떠한 반대 요인이 작용하여 직립에서 수평 상태를 이끌려 가지고 육체에게로 와서 떨어지는 것이다.

유체가 육체 위에서 수평으로 눕혀질 때, 자주 둥둥 뜨는 느낌이 들며 의식이 퍼뜩 들게 된다.

그 때에 떨어지는 꿈, 아니면 둥둥 뜨는 꿈을 꾸기 시작한다. 거기에 한층 부정적 요인인 감정이 일어나면 급강하(急降下)가 일어난다. 그러면 꿈이 무섭게 떨어지는 꿈으로 변하게 되는 것이다. 유체가 강하게 반향하면 육체가 충격을 받게 된다.

그러므로 여러분이 떨어지는 꿈을 경험해 본 일이 있다면, 빠른 속도로 내형화 되는 것 같이 느껴지는 것을 경험했으리라 생각한다.

내가 처음으로 의식적 유체이탈을 경험하기 전 오랫동안 나는 거의 매일 밤 떨어지는 꿈, 둥둥 뜨는 꿈, 강한 반향 등을 경험했었다.

대부분의 권위있는 학자들이 떨어지는 꿈에서 땅바닥에 닿기 전에 피험자는 언제나 잠을 깬다는데 의견의 일치를 보고 있으나 그것은 사실과 다르다.

나는 그러한 꿈을 꿀 적에 여러 번 땅에 닿은 일이 있었기 때문에 이 의문을 풀어 보려고 다른 사람들의 경험을 많이 들어 보았다. 그랬더니 내가 알아 본 대부분의 사람들은 나처럼 반향과 정확히 동시각에 땅에 닿는 것이었다.

다시 말해서 꿈속에서 땅에 와 딱 떨어지는 것과 육체가 충격을 받는 것이 동시에 일어나는 것이었다.

월쉬 박사는 피로나 신경성이 떨어지는 꿈의 원인이 된다고 말했듯이, 피로나 신경성이 유체의 분리를 촉진하는 것은 사실이다.

떨어지는 꿈의 원인을 발견한 동기

나는 어렸을 때, 거의 날마다 이웃에 살고 있는 나 또래의 친구와 함께 노는 습관이 있었다. 그 친구도 아주 크고 높은 목조 건물(보통 언덕 위에 지어져 있었으므로) 속에 살고 있었다. 판판한 지붕 위에 난간이 있는 베란다가 있어서 우리는 밑방 계단을 통해 올라갈 수가 있었다.

여러 번 나는 옥상 베란다에 올라가 보려고 했으나, 그럴 때마다 내 친구의 어머니가 못하게 하는 것이었다. 그러던 어느 날 그 감시병(어머니)이 어디 나가고 없게 되었다.

우리는 병정놀이를 하고 있는 중이라 적을 감시하느라고, 초소라고 정해 놓은 그 옥상 베란다로 올라가게 되었다.

한참동안 나는 베란다 복판 근방에 있다가, 발과 무릎으로 베란다 가장자리 쪽으로 기어가 난간 밖으로 머리를 내밀었더니 아래가 내려다 보였다. 조금 지나자 현기증이 나며, 땅 아래로 떨어질 것만 같았다. 난간대가 없었더라면 떨어졌으리라 생각된다.

그 순간 나는 놀래서 뒤로 살금살금 물러나 즉시 옥상에서 내려와 밖으로 나왔다. 그 후부터 나는 높은 베란다에 올라가면 언제나 두려워 하게 되었다.

지금 이 순간도 그것을 생각하면 다리가 부들부들 떨린다.

그로 부터 1년 후, 나는 떨어지는 꿈때문에 고통을 받기 시작했는데, 그 꿈은 언제나 똑같은 것이었다. 흔히 나는 내 친구네 집 바로 위에서 둥둥 뜨는 꿈을 꾸는 것이었다.

그것은 언제나 그 베란다의 복판에서 가장자리 쪽으로 내가 기어갔던 바로 그 지점 위였다. 그리고 꿈속에서 그 지점(병정놀이 하다가 내려다 보았던 바로 그 가장자리 쪽)에 이르기만 하면 나는 떨어지기 시작했다. 그리하여 땅에 떨어지는 순간 나는 펄쩍 뛰어 일어나면서 잠이 깨는 것이었다. 이런 꿈 속에서는 언제나 어른이 된 군복차림의 군인이었다.

그 후에 나는 어느 날 저녁 그러한 꿈을 꾸다가, 의식적 이탈을 경험하게 되었다. 그것도 내 친구네 집 위에서 둥둥 뜨는 것이었다(이것은 내가 그 옥상에서 병정놀이를 하던 때부터 약 7년 후의 일이다).

그런데 이때는 별로 무섭지가 않았다. 그리고 서서히 의식이 깨어 왔다. 완전히 의식이 깨어나서 보니, 나는 내 육체 위에서 3피트 가량 떠 있는 것이었다.

분명 우리가 꿈속에서는 높은 데서 떨어지더라도 사실을 알고 보면 유체가 떨어지는 것은 불과 얼마 안되는 거리인 것이다. 그러므로 내가 꿈속에서 있었다고 생각하는 곳에 실제로 내 유체가 갔던 것이 아니라, 꿈속에서 일어났던 행위 비슷한 활동을 하고 있었을 뿐이라는 것을 여러분은 알 것이다.

유체와 행동으로부터 느껴지는 감각은 내가 어릴 때 지붕 꼭대기로부터 내려다 보다가 느끼게 된 어린이로서의 감각과 꿈을 꾸게 했던 잠재의식적 인상과 어떤 면에서는 관련이 되고 있다.

이때 나는 떨어지는 꿈의 의미를 이해하게 되었다. 즉, 꿈속에서 집 위를 날으고 있을 때 유체는 대체로 육체 위의 언저리에 와 있다. 그리고 유체가 내려 앉는 순간, 떨어지는 꿈을 꾸게 된다.

또, 신체가 반향함에 따라 의식은 되살아 온다. 이것이 떨어지는 꿈에 대한 해명이다.

날으는 꿈

날으는 꿈에는 몇 가지 변종(變種)이 있는데, 그 중 하나는 팔다리를 움직이거나 또는 팔다리를 움직이지 않고 '둥둥 뜨는 꿈'이다.

이 꿈은 언제나 유체가 공중에서 수평 자세로 누어, 서서히 나아갈 때 꾸게 된다.

또 하나의 변종은 피험자가 똑바로 섰을 때도 땅 위나 거리 같은 데를 급속도로 움직이는 꿈이다. 대개 이런 꿈을 꿀 때는 기분이 나쁘지 않다.

다른 또 하나는 '크게 활보'하는 꿈으로, 피험자가 지상(地上)을 큰 걸음으로 성큼성큼 걷거나 때로는 미끌어지듯 나아가는 것이다.

이것은 영화에서 뛰는 사람이 고속촬영으로 천천히 발을 떼어 놓는 것을 볼때와 비슷하다.

'혼줄 활동 범위 내에서'의 전형적인 꿈은 몸을 쑤석거리는 꿈이다. 이런 꿈속에서는 피험자의 몸이 대단히 이완되어 깡충깡충 뛰며, 말을 탔을 때 말의 등 위에서 말탄 이의 몸과 팔이 쑤석거려지듯이 그의 몸이 쑤석거려지는 것이다.

이럴 때의 몸은 아주 가벼워서 일정한 간격을 두고 계속 뜀박질을 하게 된다. 이 꿈은 대개 '혼줄의 활동', 즉 그 끈이 당겼다 밀쳤다 하기 때문에 꾸어진다. 이럴 때 마치 토끼와 같이 깡충깡충 뛰는 꿈을 꾸는 사람도 있다.

머리를 맞는 꿈

이 꿈은 보통 '혼줄의 활동 범위 내에서' 꿈으로 경험되는 것이다. 이때에 피험자는 언제나 자기의 머리를 어떤 사람에게 어떤 물건으로 얻어맞는 꿈을 꾸는 것이다.

환영체(幻影體)에게로 다가가는 꿈

피험자가 꿈을 꾸노라면 자기의 육체는 아니 보이고 딴 환상(체)이 보인다. 그리하여 그는 꿈 속에서 부처나 무시무시한 사람 또는 짐승과 같은 환상체에게 이끌려 간다.

흔히 꿈꾸는 사람이 객체(대상)에게로 다가가는 것이 아니라, 객체가 꿈꾸는 본인에게로 다가오는 것 같이 보인다.

이것이 상습화 되면 언제나 같은 대상이 꿈에 보인다. 꿈꾸는 사람이 점점 가까이 이끌려 가서 드디어 그 대상에게로 빨려들어 가게 되면, 일반적으로 반향과 더불어 잠이 깨어 그의 '유체'는 육체와 합쳐진다. 그 '이끌림'은 아주 점진적이지만 대단히 빠를 때도 있다.

이 꿈은 그 원인으로 볼 때, 떨어지는 꿈과 비슷하나 떨어지는 꿈에서는 그 몽체(夢體)가 아래로 움직이는데 반하여, 이 꿈에서는 몽체가 옆으로 움직이는 것이 다른 점이다.

나는 이 꿈을 경험했을 때, 언제나 무엇인가 부처님처럼 보이는 괴상한 환상에게로 이끌려졌다. 내가 그 괴물에 부딪치면 부딪친 한 가운데에서 불꽃이 사방팔방으로 나르는 것이었다. 동시에 잠이 깨는 것이었다. 어떤 친구(여인)가 이렇게 말하는 것을 나는 들은 일이 있다.

"나는 이와 비슷한 꿈을 꾸노라면 두 개의 이상한 눈이 자기를 뚫어지게 쳐다보는 것 같았다. 그리하여 이 두 눈이 나한테로 자꾸만 다가옴에 따라 점점 커지다가 돌연히 내가 그 눈에 빨려 들어가 깜짝 놀라 깨보면 육체 상태에 있었다."

나의 누이 동생도 흔히 이러한 꿈(환상체에게로 이끌리는)으로 고민하곤 했는데, 이 경우에는 환상체가 무지무지하게 큰 볏(甁)이었다. 그리하여 내 누이는 꿈속에서 그 환상

의 병에 점점 이끌려 병 주둥이 속으로 들어가곤 했다. 그럴 때면 깜짝 놀라 깨면서,
 "병 마개가 나를 병 속으로 잡아 끌어요."
 하고 소리를 지르는 것이었다.

제5장
육체와 유체의 감각관계

1. 감각의 변태성과 이중감각

정신불안정의 영향

나는 마음의 불균형, 즉 어떠한 형태든 간에 정신이상은 에테르체와 물질체(육체)가 단단히 연결되어 있지 않기 때문에 일어나는 것이라고 생각하고 있다(이것은 내가 처음으로 생각해 낸 것은 아니지만).

간질병 환자에게서 처럼, 에테르체와 물질체 사이의 중개(仲介)가 정상적이지 못하면, 어떤 사람은 어느 순간에 바보가 된다.

내가 잘 알고 있는 한 부인은 간질병 환자가 되면서 비상한 투시능력자가 되었다.

또한 역사상 탁월했던 인사 중에는(예를 들어 시이저, 나폴레옹, 소크라테스와 같은) 간질병 환자가 있었다. 어찌하여 정신적인 비정상이 특수한 경우에 특수한 결과를 가져오는가는 잘 모른다.

감각의 변태성

혼줄의 활동 범위 내에서 감각은 너무나 변태적으로 작용하기 때문에, 감계(感界)에서 어떠한 일이 일어나며, 어떠한 일이 일어나지 않는가 라는 것을 아주 만족스럽게 설명하기란(불가능한 것은 아니지만) 어렵다. 내가 할 수 있는 일이란 경험한 바를 표현하는데 최선을 다하는 것 뿐이다.

우선 시각(視覺)을 예로 들어 보자. 우리들이 천리안(千里眼)이 아닌 한, 육체와 유체가 부합하여 의식이 있을 때, 우리들은 단지 우리 눈에 알맞는 진동이거나 그러한 진동의 범위내에 있는 물체들만 보인다.

우리의 육체나 유체가 분리되어 의식이 들었을 때 언제나 시각이 제 기능을 발휘하는 것은 아니지만, 시각이 회복되면 진동의 범위가 증대되는데, 그럴 때 우리는 전에 보았던 물질체만 볼 수 있는 것이 아니라 딴 유체들까지 볼 수 있는 것이다.

우리는 이것을 '유시(幽視)' 혹은 영시(靈視)(seeing astrally ; astral vision)라고 부르고 있다.

잠자고 있는 사람이 때로 의식이 돌아가지고 육안으로 자기 육체 위로 약 1피트쯤 떠서 육체와 평행하게 누워 있는 자신의 유체를 보는 수도 있다는 것은 전에 말한 바 있다.

이 유체는 공중에 떠서 희미한 것이 흔들리는 것 같이 보인다. 이런 것을 보면 잠자던 사람은 금방 반향과 더불어 잠을 깨게 되는데, 그럴 때 그는 이 모든 것을 육안으로 보았다고 주장할 것이다. 왜냐하면,

"나는 이것을 육안으로 보았으며, 내 위에 놓여 있던 유체도 보았다. 그러므로 나는 육체적으로 의식이 있었던 것이다."

라고 말할 것이기 때문이다.

그에게 그것은 진실인 듯이 보일 테지만, 그는 전혀 육체

에 의식이 있었던 것이 아니라, 다만 유체에 의식이 있었던 것에 불과했던 것이다. 육체로서는 유체가 보이지 않는 것이다.

정상적인 육안이라면 유체를 볼 수 없는데, 육체 위에 누워 있고, 더구나 육체의 눈은 감겨져 있으니까 의식의 소재는 어디까지나 유체에 있고, 혼줄을 통하여 육안으로 시감각(視感覺)이 전해지기 때문에 육안으로 보일 뿐인 것이다.

그러나 유시(幽視) 보다도 한층 복잡하고 한층 불가사의한 현상이 또 하나 있다. 그것이 이중유시(二重幽視)인데, 이는 피험자가 자기가 실제로 있는 곳을 분명히 육안으로 보고 있는 바로 그 시각(時刻)에 유체의 눈으로 다른 것을 보는 것이다.

이런 일은 극히 드물게 일어나는 현상이지만, 이런 일이 일어나면 피험자는 마치 자기가 육체 상태에서처럼 유체가 방안에서 돌아다니는 것을 쳐다보고 있는 동시에, 유체 상태로 다니면서 침대 위에 눈을 감고 있는 또 하나의 자기 육체를 유체가 볼 수 있다.

이러한 믿어지지 않는 일을 여러분이 실제로 경험한다면, 여러분은 과연 어떻게 생각할 것인가? 여러분이 서로 분리되어 동시에 두 곳으로부터 볼 수 있다면 여러분은 어떻게 생각하겠는가? 그러나 동시에 각기 다른 두 곳에 의식이 있다고 여러분이 생각하는 것은 당연한 일이리라. 그러나 우리가 이미 알고 있는 바와 같이 의식은 육체의 일부가 아니라 유체 내에서 작용하는 것이다.

이 이중의식은 필연적인 것이 아니라 복선시각(複線視覺)으로서, 이 복선 중의 하나는 생명선을 통하여 육체에, 또 하나는 유체에 이어져 있는 것이다.

처음에 내가 이것을 체험했을 때 그것이 이중의식이라는 생각이 들었으나 곧 나는 그것이 단순한 복시(複視)라는 것을 알았다.

이중감각(二重感覺)

반 에덴(Van Eeden)박사는 어느 날 창가에 서서(유체상태로) 밖을 내다보고 있다가 개 한 마리가 뛰어 올라와 유리창을 통하여 자기를 쳐다보더니 다시 도망쳐 버리는 것을 보았다.

이 개가 반 에덴 박사의 유체를 보았음이 분명하므로 개가 유체를 볼 수 있음은 분명하다. 그러므로 동물들이 인간처럼 잘 볼 수 없다고 생각할 하등의 이유가 없다.

특히 개는 예민한 감각을 갖추고 있다. 흔히들 개는 아주 민감하다는 소리를 나는 자주 들었다. 나에게 애완용 개 한 마리가 있었는데, 실은 그 개는 열 세살이나 먹었지만 지금도 데리고 있다. 이름이 '잭크'인데 잡종이긴 하나 나에게는 언제나 다정한 친구였다.

나는 유체가 이탈되었을 때 '잭크'가 나를 알아보는가를 체크해 보고 싶었다. 그래서 나는 그의 잠자리를 내 방에다 마련해 주었다.

그런데 잭크를 가지고서는 곤란한 일이 딱 한 가지 있었다. 그것은 이 잠자리에서는 너무나 곤히 잠을 자기 때문에, 내가 이탈에 성공했을 때마다 잠을 자고 있어 내가 나타나도 그가 알지 못하는 것이었다.

그런데 어느 날 밤에는 우연히 내가 의식이 있는 채 이탈이 되었는데, 잭크가 마침 잠을 자지 않고 있었다.

그는 방바닥에 서서, 뛰어올라 내 옆에 와서 자라고 하기를 기대하는 듯, 침대 위의 내 육체를 애원하듯이 쳐다보고 있었다.

방의 다른 쪽에서 나(유체)는 '잭크'가 쳐다보도록 애써 보았다. 그의 시선이 나의 시선과 마주칠 곳으로 자리를 옮기 손짓하여 부르는 시늉을 해 보기도 하였다. 그러나 그는 한때 고개를 들어 유체 쪽으로 공기냄새를 맡노라 코를 씰룩거렸지만, 여전히 나의 육체를 쳐다보고 있었다.

이것이 순간적이긴 했으나 그는 나를 쳐다보기 보다는 나의 껍데기에 더 흥미를 가지고 있는 것 같이 보였다.

내가 그 껍데기 속에 들어 있지 않다는 것을 그가 감지했었다고 까지는 나는 생각지 않는다.

드디어 흥미로운 일이 생겨났다. '잭크'는 침대 위로 펄떡 뛰어올라가 무감각한 육체 옆에 바싹 다가가서 웅크리고 앉았다. 그런데 이상한 일이 벌어졌다.

침대에 올라간 개의 무게로 스프링 작용에 의하여 육체가 상하로 약간 요동하자 바로 같은 시각에 유체가 공중에서 육체의 움직임과 완전히 일치하여 유체는 수평자세인 반면 육체는 수직 자세로서 꼭같이 상하로 움직이는 것이었다.

그러나 가장 놀란 일은, 개가 자기 몸둥이를 내 육체 위에다 대고 웅크리고 앉자, 마치 그가 나의 유체 옆에 실제 웅크리고 앉아 있는 것 같이 내게 느껴지는 것이었다.

그리하여 다시금 육체에 활기가 들 때까지 나에게 기대고 있는 개의 체중은 나의 유체에서도 감지되는 것이었다. 어찌하여 이러한 감각의 전이(**轉移**)가 일어나는 것인가?

그것은 육체와 혼줄과 유체와의 관계에서 일어난다. 여러분이 유체이탈시 무슨 물질이든 감각한다면 여러분은 혼줄의 활동 범위 내에 있음에 틀림없다. 여러분이 감각하려면 물체 쪽을 만져야 된다. 그러면 그것이 역선(力線)을 통하여 유체쪽으로 옮아가는 것이다. 그러나 이것은 촉각의 한 특이성에 불과하다.

나는 혼줄은 활동 범위 내에서 물질체의 한 곳을 건드리면 유체의 동일한 곳이 감각된다고 오래 전에 알고 있었다. 그러나 그 역(逆)도 가능하다는 것, 즉 유체의 한 곳을 건드리면 육체의 같은 부위에서도 감각될 수 있다는 것을 남에게서 처음 들었다.

몇몇 저명한 권위자들은 이것을 사실이라고 단정한 모양이다. 즉,

"몇 번의 실험에서, 나는 최면술의 암시법에 의하여 깊은 입신상태에서 유체를 분리시키는데 성공했다. 그리하여 바늘로 실체(實體), 즉 육체로부터 몇 인치 떨어진 곳의 유체를 찔렀더니 피험자는 마치 자기의 육체가 찔리는 것처럼 느꼈다. 또 내가 육체로부터 약 7,8인치 떨어진 유체의 피부를 찔렀을 때, 심령연구가들에게 감각의 '반동'(反動)이라 알려진 현상에 의해 피험자가 실제로 육체에서 찔림을 느끼는 것과 같이 반응(즉, 반작용)했다……."

위의 주장을 내가 의심하는 것은 아니나, 어떻게 하여 물질체인 바늘이 유체를 찌를 수 있는지 이해할 수 없는 것이 나의 솔직한 고백이다. 이 문제를 해결하기 위하여서는 보다 철저한 실험이 있어야 되리라고 생각된다.

유체는 바늘이 통과해도 무감각하다

나는 약 2년 전에 유체를 바늘로 찌름으로써 일어나는 감

각의 반동(反動)에 대한 글을 처음으로 읽고, 이를 실험해 보려고 침반(針盤)을 만들었다.

침대의 발 밑에서 머리까지 닿는 판자를 하나 가져다가 끝이 밖으로 향하게 몇개의 침을 박아서 내가 잠자는 침대 바로 위로 약 8인치 되는 데다 침 끝이 아래로 향하도록 침대 쇠막대기와 그것을 묶어 놓았다.

나는 유체이탈에 성공하여 이 실험을 하는 수주일 동안에 뜻하지 아니한 새로운 체험을 하게 되었다. 그것은 아무런 느낌도 없이 그 판자를 통과해 갔던 것이다.

앞에서 말한 연구가들이 만들어 낸 '감각의 반동'이란 것이 최면때문에 일어나는 것이 아닌가고 생각하는 이유가 바로 여기에 있다.

이중감각과 빙의(憑依)

여기서 잠시 혼줄의 중개에 의해 감각이 육체로부터 유체로 이동하는 것에 대하여 생각해 보기로 하자. 특히 그 죽음이 닥쳐 고통스러웠을 때, 격렬한 죽음의 희생자들이 얼마 안 있다가 유체로서 영매(靈媒)에게로 되돌아 와 임종시(臨終時) 육체적으로 느꼈던 고통을 여전히 느낀다고 불평을 하는 일이 많다.

대부분의 영매들은, 유체는 고통에 면역이 되어 있다고 믿으므로, 그렇게 괴로움을 받는 영(靈)들과 교신(交信)할 때,

"당신들은 죽었으니 아픔을 모르오. 유체가 아픔으로 괴로워하는 것은 순전한 상상일뿐이오."

라고 말한다. 그러나 영들이 처음부터 자기들의 고통을 상상만 하는 것은 아니다. 사실은 유체가 임종시 혼줄의 활동

범위 내에서 외형화(이탈)되었을 때, 감각이 육체로부터 유체에로 이동되어졌던 것이다.

그것은 마치 유체가 이탈하여 혼줄의 활동 범위 내에 있을 때, 내가 개의 무게를 유체 상태에서 감각했던 것과 똑같은 것이다.

때문에 그들은 혼줄이 끊어지기 전, 역선(力線)에 의하여 육체로부터 유체에로 옮겨진 실제의 아픔이 줄이 끊어진 후 한동안(수개월간 까지도) 계속되는 것이다.

이를 잘 설명해 줄 예를 하나 들어보기로 하자.

헤스 부인은 이 책 저자의 친한 친구인데, 일리노이주(라쌀레)에서 살면서 빙의령(憑依靈)치료를 하고 있는 분이다.

어느 날 35세 가량의 여자 환자가 가족에 의해 헤스 부인에게 실려 왔다. 그 환자는 자기가 기차라고 믿고, 온갖 기차 소리를 다 내는 것이었다.

그녀는 집안을 돌아다니면서 '칙칙 폭폭'하면서 가상(假想)의 마을을 향해 철로 위를 달리는 시늉을 했다. 이것을 감정해 본 헤스 부인은 한 영혼이 이 여인을 따라 다닌다는 것과, 그가 바로 기관사라는 것을 알아냈다.

그래서 헤스 부인은 그 빙의령(憑依靈)과 교신을 하여 그가 자기 기관차에 깔려 처참한 죽음을 당했다는 것을 알아냈다. 89번, 이것은 그가 자기 자신을 불렀던 번호이다.

그는 아직도 자기가 기관차 밑에 있다고 생각할만큼 혼미해 있었다. 그는 자기가 죽어서 유체가 되었다는 것을 이해할 수가 없었다.

그래서 그곳에 이미 그전에 세상을 뜬 기관사의 어머니를 데려옴으로써, 빙의령은 교화(敎化)되어 결국 자기 유체는 아프지 않다는 것을 깨달았다. 그렇다고 해서 그의 아픔이 애초부터 단순한 상상에서 왔던 것은 아니었다.

 그는 혼줄의 활동 범위 내에서 이중감각이 있을 때, 실제적으로 의식에 의해 시초에 이러한 아픔을 당했던 것이다. 그는 자기 기관차에 눌려 그에서 오는 아픔을 실제 느낄 수 있었다.

 유체는 물질체에 무감각하지만, 유체가 육체를 경유하여 (생명의 줄에 의하여) 아픔에 접촉한다면 그것은 진정한 아픔이 된다. 그리하여 생명의 줄이 끊어진 후에도 그 아픔은 남아 있다가 기관사의 예에서와 같이, 정신 치료에 의해 완치된다. 그러므로 유체의 아픔은 진정한 것이라는 것을 강조하지 않을 수 없다.

제6장
꿈과 유자(幽姿) 및 기질에 대해서

1. 육체적 탄생과 유체이탈의 신비

수면(睡眠)의 목적

심령학에서 '분리'(分離)와 '불일치'(不一致)란 말이 유체현상(幽體現象)에 있어서는 실제적으로 의미상 차이가 있지만, 어느 정도는 동의어(同義語)로 사용되어 왔다.

유질체(幽質體)가 육체와 일치할 수는 없으나, 육체로부터 분리된 것은 아니므로 그 양자 간에는 분명히 간격이 있다.

즉, 유체가 1인치쯤 일치하지 않을 수 있으나 여전히 양체(兩體)가 부분적으로 동일한 공간을 차지한다. 그러나 두 부분이 서로 일치하지는 않고 있다.

여기서 내가 애독자 여러분에게 말하는 것은, 누구나 잠자고 있을 때 언제나 여러분의 유체는 약간——불과 1인치나 그 이상——불일치하고 있다는 사실이다.

이 불일치가 아주 조금이긴 하지만, 여하간 잠자는 동안에 불일치가 생긴다. 설사 이탈이 불일치의 연장이라 할지라도 이는 이탈 능력과는 특별한 관계는 없다. 사람들은 유체이탈에 아주 '면역'되어 항상 정상이라고 생각하고 있으나, 그들의 유체는 수면중 언제나 약간 불일치하고 있는 것이다.

따라서 캐링턴의 다음과 같은 서술은 올바르다고 할 수 있다.

"잠을 설명할때, 과거에 여러 가지 주장들이 있었으나 지금까지 전적으로 받아들여질 만한 만족스러운 것은 나오지 못했다. 여기에는 소위 '화학설(化學說)'이란 것이 있는데, 그것은 잠이 깨있는 동안 몸속에 어떤 독(毒)물질이 생기면 수면중 제거된다고 한다. 어떤 사람들은 수면은 두뇌 속의 혈액 순환의 특수 상태에 기인한다고 생각했으며, 또 어떤 사람들은 수면을 어떤 선(腺)의 작용으로 설명하는가 하면, 어떤 사람들은 근육의 이완(弛緩)으로 설명하기도 한다. 그러나, 이 모든 설(說)은 진상을 설명하기에는 불충분한 것이었다. 생명력의 존재와 개개인의 영혼의 실존을 우리가 인정치 아니하고는 수면에 대하여 만족한 해명을 정확히 할 수 없을 것이다. 영혼은 우리가 잠자는 시간 동안에 거의 영계(靈界)로 돌아가서 체류하면서 영적 활력소와 자양분을 가지고 온다."

그런데, 여기에서 한 가지 우리가 잠에 대하여 이해할 수 없는 것이 있는데, '무의식 과정'이 그것이다. 무의식은 어떻게 하여 생기는가를 우리는 알 수가 없는 것이다. 의식이 표면상 어디로 사라지는지 알 수가 없다. 그러나 우리는 잠의 목적은 알고 있다.

만일 우리의 유체가 언제까지나 육체에만 매여 꼭 일치되어 있다면 우리는 '신경 에너지'를 결코 회복하지 못할 것이다. 우리는 누구나가 다 경험하는 이러한 자연적 불일치를 '평온대(平穩帶)'라고 말할 수 있다. 왜냐하면, 그곳에서는 자연적 작용 외에는 양체(兩體)의 활동이 없기 때문이다.

정상 상태에서 유체는 잠이 들거나 잠을 깨는 사람에게는 알아차리지 못하게 —— 서서히 그리고 조용히 —— 살며시 빠져나왔다가 살그머니 다시 들어간다. 그것은 시간의 존재를 의식할 수 없을 만큼 빠른 속도로 이루어진다.

이와 같은 일은 보통 잠이 막 드는 상태에서 일어나는데, 피험자는 여간해서 그를 알지 못하며 느끼지도 못한다.

만일 여러분이 잠이 막 드는 상태에서 끝까지 의식을 유지할 수 있다면, 이러한 불일치된 상태를 신경질적이거나 피로한 사람이 정말 느끼듯이 감지할 수 있을 것이다.

유체는 우주 에너지를 받기 위해 수면중 언제나 '평온대'로 옮겨가 약간 불일치하기 때문이다. 신경질적인 사람이나 피로한 사람에게 있어서는 콘덴서(유체)가 대단히 소모되어 있다.

신경질이란 바로 이것인데, 유체가 보다 빨리 보다 쉽사리 빠져나가는 반면, 무의식 상태는 잠시 있다가 오기 때문에 피험자는 유체의 동작을 경험하게 된다.

그때의 기분이 어떠한가 하는 것을 알기 위해서는 크게 이탈하면 안된다. 이것을 알고 싶은 사람은 자기 자신에게 주의를 집중하고 잠으로 들어가면서 정말 어떠한 일이 일어나고 있는가를 알려고 애를 쓴다면, 잠으로 막 들어가는 상태에서 그 기분을 경험할 수가 있다.

꿈의 조절(調節)

많은 꿈이 그때의 심적(心的) 상태에 의하여 유발된다. 그러므로 여러분이 꾸고 싶은 꿈을 꿀 능력을 습득할 수 있다면 그 꿈 속에서 유체로 하여금 평온대에서 멈추지 않고 계속해서 동작하도록 할 수 있다.

또, 우리는 그런 작용이 끝나기 이전에 유체이탈자가 꿈을 꾸다가 어떻게 하면 갑자기 의식이 들 수 있는가를 알게 되며, 자기 몸이 꿈에 적합한 환경에서 이탈하여 있는 것도 볼 수 있다. 나는 이것을 몇 번 경험했으나 나중에 이야기하겠다. 여러분도 이렇게 하여 꾸고 싶은 꿈을 실제 꿀 수 있다. 이런 꿈을 '참꿈(Dreaming true)'이라 하는데 꿈의 조절은 유체이탈을 하는 한가지 방법이며, 또 유쾌한 일이기도 하다.

이 문제에 대하여 히어워드 캐링턴은 이렇게 말했다.

"참꿈을 유도할 수 있는 실험법이 있다. 잠으로 들어가는 과정에 자기 자신을 관찰, 즉 수면상태로 들어가는 도중 의식을 가지는 것이 중요하다. 당신이 스스로 몇 번 실천해 보면 꼬박 잠이 드는 순간까지 의식을 가질 수 있게끔 점차 될 것이다. 이러한 자기 관찰, 잠으로 들어감을 의식하는 것은 아주 재미있는 일인데, 의식을 계속 유지하고 있으면 잠이 깊이 듦에 따라 당신 앞에 어떤 장면이 나타난다. 그러면 그때 당신은 의식적으로 그 장면 속으로 자신을 옮긴다. 즉, 그 화면 속으로 걸어 들어가라. 그리하여 의식을 멈춤이 없이 꿈꾸기를 계속하라. 이것이 참꿈을 꾸는 절차이다."

그러나 한 가지 주의할 것이 있다. 만일 당신에게 신경증이 있고 쉽사리 감화되며 의지가 약하고 무서워하거나 또 당신이 어떤 불화 속에서 살고 있다면 유체이탈 실험을 하지 않는 것이 바람직하다.

신경질적인 사람이 심령실험에 적합

누구나 수면중 약간은 불일치, 즉 '평온대'로 들어가는데 신경질적인 사람들은 그렇지 않은 사람들보다 빨리, 보다 쉽사리, 보다 멀리 이탈한다.

결국 개인적인 기질(氣質)이 이탈과 많은 관계가 있다. 신경질 형은 육체에 단단히 매어 있지 않으므로 이탈에 가장 좋은 대상이 된다. 그렇다고 다른 형(型)들이 안된다고 하는 것은 아니다.

이 방면의 권위자인 허어워드 캐링턴은 불란서의 과학자이며 신비학자(神秘學者)인 샤를르 란세린 박사의 실험을 요약하여 이렇게 말하고 있다.

"실험에는 바르고 적당한 기질이 선택되어져야 한다. 이런 사람이 아니면 실험은 실패하기 쉽거나, 단지 부분적으로 성공할 따름이다. '기질'을 '성격'과 혼돈해서는 안된다. 기질은 인체(人體)의 어떤 요소나 기관이나 조직이 우월하여 일어나는 심리적 상태이다. 기질에는 주로 네 가지 형, 즉 신경질형·담즙질형·다혈질형·림프질형이 있다. 이중 신경질형이 심령실험에 가장 적합하다. 담즙기질은 가장 감수성이 예민하고 다혈기질은 환각(幻覺)에 좋고 림프기질은 모든 점에서 가장 부적합하다."

이탈자는 길을 잃지 않는다

여러분 중에 이것(이탈)이 혹시 위험한 행위가 아닐까 하고 생각하는 사람이 있을지도 모른다. 또 유자(幽姿)가 일단 풀려 나가 그만 길을 잃지나 않을까, 시간이 너무 오래되어 멀리갔다가 못 오지나 않을까, 육체가 기진해 버리지나 않을까 하고 걱정하는 사람이 있을지도 모른다.

그러나 걱정하지 말라. 잠재 의식을 조절하는 힘은 자기가 무엇을 하고 있는지를 정확히 알고 있는 것이다. 그것은 현재 의식보다는 훨씬 우수한 검파기(檢波器)인 것이다.

여러분은 사람이 자체 이탈하여 혼줄의 활동 범위를 벗어나 그곳에서 의식이 되돌아 오기를 거부해 자기 육체를 죽도록 놓아둘 수 있지 않을까 하고 생각하는가?

이탈 경험이 없는 사람은 자연 이러한 생각에 사로잡힐 것이다. 그러나 그런 사람은 육체를 떠나 너무 오래 있으려고 해도 의식을 지탱할 수 없다는 것을 알게 될 것이다.

권위자들 중에는 이탈 중에 길을 잃을 수 있다고 생각하는 사람이 있는데, 그것은 사실이 아니다. 또 그들은 말하기를, 유체는 의지(意志)의 힘에 의하여 머나먼 낯선 곳으로 이탈해 갈 수 있다고도 한다.

그것은 사실이다. 또한 이탈자가 길을 잃을 턱이 없다는 것도 사실인데, 그것은 하겠다는 의지만 가지면 언제라도 육체에로 되돌아 올 수가 있기 때문이다.

여러분이 유체이탈을 해볼려고 한다면, 결코 유체가 길을 잃게 되지 않을까 하는 걱정은 할 필요가 없다.

혼줄은 탯줄과 비슷하다

유체이탈과 죽음을 비교할 수 있는 것이라면, 혼줄도 탯줄과 비교할 수가 있다. 혼줄이 끊어지면 죽음을 초래하듯이, 탯줄은 끊어져 탄생을 가져 온다. 또 탄생은 자연과 관계되며, 유체이탈은 초자연과 관계가 된다.

그러나 우리가 '자연'이라고 부르는 것은 단지 그에 정통해 있기 때문이다. 왜냐하면 '자연'도 때때로 불가해(不可解)할 때가 있기 때문이다. 우리는 유체이탈 현상에 정통해 있지 않기 때문에 그것을 초자연이라고 생각한다.

  육체적 탄생이나 유체이탈이나 신비하기는 마찬가지이다. 인간의 사고 방식이 그러할 뿐이다.

  모래알 하나나 하늘의 별 한 개나 신비하기는 마찬가지인 것처럼, 육체나 유체나 신비하기는 마찬가지이다. 또한 탯줄이나 혼줄이 신비한 것도 똑같다.

제 7 장
혼줄의 연결기관과 우주 에너지

1. 우주 에너지의 치유 능력

혼줄이 육체와 접하고 잇는 곳

혼줄(생명줄)이 육체의 어느 부위에 접하고 있는가에 대하여는 권위자들 간에 의견이 엇갈려 있는 것 같이 보인다.

어떤 사람은 혼줄이 육체의 복강신경총(위장 바로 밑)에 붙어 있다고 하는가 하면, 어떤 사람은 양 눈 사이 미간에 붙어 있다고 말하고 있다.

또 어떤 사람은 그 접촉 지점이 연수(延髓)라고 믿고 있다. 나는 후자가 맞는다고 생각하는데, 그 증거가 모든 반증(反證)보다 우세하기 때문이다.

한 가지 확실한 것은, 그 줄이 신체중에서 어딘가 중심이 되는 곳에서 뻗쳐진다는 것이다.

나의 경험으로 말한다면, 나는 그 혼줄이 우리 육체의 복강신경총과 접하고 있는 것을 결코 보지 못했다는 사실이다.

줄은 머리의 앞과 옆 또는 뒤에 접하고 있는 것으로 보였다. 나의 경우로는 혼줄의 끝이 유자(幽姿)의 연수가 있는 곳과 언제나 접하고 있었다.

어떤 이유로 혼줄이 육체의 각기 다른 머리 부분에 붙어 있는가 하는 것은 이탈시의 육체의 자세 때문이다.

유체와 육체는 서로 부합해 있어서, 육체가 어떠한 자세로 누워 있든 유체는 그와 똑같은 자세로 눕는다.

만일 육체가 수평 자세를 취했을 때 윗쪽을 향하고 있으면 유체도 또한 윗쪽을 향해 나타난다. 그리하여 혼줄은 육체의 이마와 양 눈 사이에서 나오며, 유체의 뒷통수, 즉 연수가 있는 곳에 붙게 된다. 이것이 이탈에 있어서 이상적(理想的)인 자세임을 알려 둔다.

반면에 육체가 수평 자세를 취했을 때 엎드려서 누웠다면 유체는 아랫쪽을 향하면서 나타난다. 그리하여 혼줄은 머리 상부 바로 위로 해서 육체의 연수로부터 유체의 연수 쪽으로 회전한다.

이런 자세로 이탈이 일어났을 때, 그가 의식이 있다면 그는 혼줄이 유체의 머리 위에서 회전하는 것을 느낄 것이다.

내가 수년 전에 경험했던 사실이 이 점을 잘 설명해 주고 있다.

공중에서의 회전

내가 그런 경험을 했을 때 처음 느꼈던 것은 나의 머리가 아랫쪽으로 이끌려 턱이 가슴 위에까지 닿는 것이었으며, 무엇인가가 나의 머리 상부와 뒤통수를 쾅 두들기는 것이었다.

이윽고 나는 유체 상태에서 잠이 깨어 보니 머리는 아래로 숙여 있었으며, 턱은 가슴 위에 놓여 있었다.

머리를 쾅하고 쳤던 것은 혼줄의 진동이었다. 이런 상태로 나는 공중에 누워 천정 바로 아래에 있었다.

나는 마음대로 움직일 수가 없었으며, 숨이 막히는 것 같았다. 나의 육체는 엎어져 있었는데 유체도 역시 아래 쪽을 향해 있었다.

그런데 유사의 역선(力線)이 머리를 잡아당기는 것 같더니 머리가 옆으로 회전하기 시작했다.

나는 머리와 몸둥이가 서로 꼬여지는 것이라고 생각했는데, 나중에 보니 그 회전 동작에 의하여 나는 공중에서 등을 (아래로) 바로하고 누워 있었던 것이었다. 한바퀴 회전한 것이었다.

인간의 뇌(腦)

혼줄은 어디에서 나와서 어디에서 끝나는가 하는 것은 모두 수수께끼이다. 이를 알아보기 위하여 잠시 인간의 뇌에 대하여 고찰하기로 하자.

인간의 육체에는 네 개의 커다란 신경적 혹은 심리적 중추가 있다. 그것은 인간의 4뇌(四腦)로서 대뇌·소뇌·연수 그리고 복강신경총이라 불리운다. 그 외에 뇌하수체와 송과체(松果體)가 있다.

대뇌는 두 개의 반구(半球)로 나뉘어지는데, 두개골 내에서 뇌의 앞부분을 가리킨다.

소뇌는 대뇌의 뒤쪽 아래에 있다. 이 둘은 중뇌(中腦)라고 알려진 하나의 짧다란 줄기에 의하여 연결되어 있다. 복강신경총은 위장 바로 뒤 복부(腹部)에 있다.

복강신경총은 다른 두뇌를 이루고 있는 물질과 비슷한 물질로 복잡하게 이루어져 있다.

연수는 척수(脊髓) 상단에 구근(球根) 모양의 연속으로서 두개골 안으로 뻗어 소뇌 밑에 있다.

송과선(松果腺)

　특수 기관(器管)인 송과선은 뇌 속에 자리하고 있는데, 동양 사람들은 오래 전부터 송과선이 초감각과 관련하여 중요한 것으로 생각해 왔지만, 근래까지 미스테리의 원천(源泉)이었다.

　이제 생리학적 중요성을 떠나서 이 송과선은 동양 사람들은 물론, 많은 서양의 심령과학자들에 의하여 육체와 정신계를 연결하는 고리라는 것이 인정되었다.

　수와미 바크타 비쉬타는 다음과 같이 말하고 있다.

　"송과선은 신경성 물질의 집단으로 뇌속, 두개골 가운데쯤, 척추의 극상(極上) 거의 바로 위에 있는 것으로 밝혀졌다. 모양은 조그만 원추형(圓錐形)과 비슷하고 색깔은 붉은 회색이다. 소뇌의 앞에 자리하고 있으며 제3 뇌실(腦室)에 붙어 있다. 그 속에는 모래와 같은 물질이 소량(小量) 들어 있는데, 이것은 보통 뇌사(腦砂)라고 알려져 있다. 송과선은 그 생긴 모양에서 이름이 붙여졌는데 그것은 솔방울과 비슷하기 때문이다. 동양의 신비주의 학자들은 주장하기를, 송과선은 신경 세포 미립자의 교묘한 배열과 뇌사의 미소한 알갱이로 되어 있어서, 정신적 진동파를 송수신하는 어떤 형태와 밀접하게 관련된다는 것이다. 서양 학자들은 송과선과 무선전신에 사용되는 수신기의 어떤 부분과 놀라우리만큼 유사한데 감탄하고 있다. 수신기에는 역시 송과선의 뇌사와 아주 비슷한 조그만 입자들이 들어 있다."

뇌하수체

뇌하수체는 송과선의 앞과 밑에 있는 것으로 초감각적으로 중요성을 갖는 주목되는 또 하나의 기관이다. 송과선과 뇌하수체와의 사이에 연결 고리가 있는데, 거기에는 묘한 힘이 작용하고 있다고 한다.

도우너(W.H.Downer) 박사는 이에 대하여 다음과 같이 말하고 있다.

"송과선의 분자 운동이 영적(靈的) 천리안을 일으키게 하지만, 이 천리안이 우주를 비추게 하기 위해서는 뇌하수체의 불이 송과선의 불과 결합해야 한다. 이 결합은 제9감(感)과 제7감이 하나가 되었다는 것, 다시 말해서 개인의 의식이 너무 흡입(吸入)되기 때문에 최고도의 정신 상태와 최고도의 정신 감각과의 자장(磁場)이 결합되었다는 것을 의미한다."

이러한 주요 중추들 중, 어느 하나가 아니면 그 모든 것들의 중요한 작용을 생각해 볼 때, 혼줄이 유체이탈시 그 중추들 중 어느 하나에 '생명의 숨'을 가져다 주면 그 에너지가 적당히 분배되어진다는 것을 우리는 마음 놓고 주장할 수 있을 것이다.

왜냐하면, 결국 모든 신경 조직은 전적으로 육체적 메카니즘을 통하여 서로 서로 조화를 이루기 때문이다.

어떤 학자는 송과선에의 정신 집중(물론, 적당히 집중된 사념)이 유체이탈을 촉진한다는 것, 또 하나의 역선(力線)은 피험자가 정신을 집중하는 그 지점에서 생겨 난다는 것이 거의 확실하다는 것, 그리고 그 힘은 육체의 신경중추에 의해 만들어지는 것이 아니라, 육체의 신경중추가 힘에 의해 작용한다는 것을 발견했다.

우주 에너지

이미 말한 어떠한 생명체도 그에게 작용하고 있는 힘을 창조하지는 못한다. 그들은 단지, 그 힘의 배전기(配電器)이며, 정류기(整流器)고 변압기일 따름이다.

왜냐하면, 육체는 파괴되나 결코 그 육체 이면에 있는 힘을 파괴할 수 없기 때문이다. 그것은 전구(電球)를 파괴한다 해도 그에 작용하는 에너지를 파괴할 수 없는 것과 같다.

생리학자들은 생명 에너지, 즉 의식력·감각력·원동력 등이 물질적 메카니즘을 떠나서는 존재할 수 없다고 믿고 있다. 그리하여 물질체 자체가 그 에너지를 만들어 낸다고 믿는다.

그들이 그렇게 믿는 주요 이유는, 육체가 그런 에너지를 만들지 못한다는 것을 증명할 수 없다는 데 있다. 그러므로 그렇게 믿을 만한 근거도 없다.

육체 그 자체는 생명 에너지를 잡아 두지도 못한다. 그 에너지를 잡아 두는 것은 유질(幽質) 콘덴서이다. 그리하여 이탈중에는 역선(力線)에 의해 육체 구조의 중추로 흘러 육체로 쏟아져 들어간다.

그 이면에 존재하는 에너지를 논(論)함이 없이 유(幽)현상(아니 생명 그 자체까지도)을 논하는 것은 모두가 기초없이 집을 짓는 것과 같은 것일 것이다. 마치 그에 작용하는 힘을 무시하고서 전기 장치를 논하는 것과 같다.

여러분이 사용하고 있는 에너지가 우주적이며 그 어디에도 있다는 것, 그것은 여러분이 만들어 내는 것이 아니라 여러분에 의해 이끌리어 여러분의 유체에 농축(濃縮)——그것은 이미 여러분이 알고 있는 바와 같이 수면중에 다시 충전(充電)되므로 유체이탈에도 중요한 의의가 있다——된다는 것은 아마도 여러분은 미처 생각지 못했을 것이다.

여러분은 또한 음식물이 유체분리 현상에 중요한 하나의 요인이 된다는 것도 알아야 된다.

사람들은 에너지가 보통 육체에 의하여 만들어지는 것으로 믿고 있다. 그래서 '많이' 먹으면 육체 에너지가 많이 나오리라 믿고 있다.

만일 그것이 진실이라면, 우리는 쉽사리 수면을 음식물로 대치할 수 있을 것이다. 그리하여 우리가 피곤하고 쇠약해지고 기력이 없다고 느껴질 때, 언제나 음식을 더 많이 먹기만 하면 될 것이므로 잠이란 결코 필요없을 것이다.

또 이것이 진실이라면, 우리는 많이 먹으면 먹을수록 보다 많은 에너지를 만들 수 있을 것이다. 그러나 과학자들은 환자의 배를 잔뜩 채우면 채울수록 병을 악화시킬 따름이라는 것을 알고 있다.

음식물은 육체와 마찬가지로 물질이며, 우주 생명력이 그에 작용하기 때문에(육체가 스스로 에너지를 생산하기 때문이 아니라) 체격을 튼튼하게 해 주는 것이다.

여기서 우리는 잠시 세계적으로 유명한 식품과학자이며 자연치유의 대표자인 헨리 린들라(Henry Lindlahr) 박사의 주장에 주의를 기울여 보자.

그는 '우리는 무엇때문에 먹고 마시는가?'라는 질문을 받고 이렇게 대답했다.

"대다수의 사람들은 흔히 이렇게 말합니다. '우리들이 먹고 마심으로써 힘을 얻는다는 것은 누구나 다 알고 있지요?'…… 여러분도 그것이 틀림없다고 생각하십니까? 24시간 동안 인체가 만들어 내보내는 막대한 양의 체온과 생명 에너지가 하루 동안에 소요되는 수 파운드의 음식물로부터 오고 있다고 여러분은 정말 믿고 있습니까? 중노동자나 운동 선수들은 모두 날마다 거대한 양의 힘과 에너지를 소모합니다. 건강한 사람들은 아무 것도 먹지 않고도 수주일을 계속 그렇게 할 수 있습니다.

  육체의 모든 열과 근력(筋力)이 음식물의 연소에서 오는 것이 아니라는 가장 좋은 증거가 장기단식(長期斷食)에서 얻어졌습니다. 근래에 와서, 단식이 자연치유력 강화로 인기를 끌게 된 이래, 수천 명의 사람들이 4주일 내지 6주일간 줄곧 단식했습니다. 대다수의 이들 '마라돈(장기간) 단식자들'의 육체에너지 손실은 조금에 지나지 않았다고 말하고 있습니다. 많은 사람들이 단식의 시초보다 끝날 즈음에는 더 튼튼해졌다고 말하고 있습니다. 체온의 손실은 하찮은 것이었습니다. 몇 %의 경우만, 체온이 1도 혹은 0.8~0.9도 내려갔으나, 대부분의 경우 정상이었습니다. 우리는 면밀한 과학적 관찰하에 우리 병원의 수백명의 임상실험에서 그것을 입증했습니다.

  개인 관찰의 한 실례를 들면, 티프스 열병을 앓고 있던 한 환자는 7주간을 물 외에는 아무 것도 먹지 않았습니다. 금식(禁食)이 끝날 즈음에 그의 체온은 정상이었습니다. 오로지 단식 마지막 2주 동안에 그의 체중이 2파운드 줄었을 뿐입니다. 또 어느 위암환자는 2년간을 매일 2, 3온스의 음식, 그것도 대부분 달걀 흰자와 과일 쥬스밖에 못 먹었는데 마지막까지 그의 체온은 거의 정상이었습니다. 체온은 열대적도 하에서나 북극 한대지방에서나 똑같습니다. 만일 체온이 정상보다 몇도씩 오르거나 내려간다면 사람은 죽고 맙니다.

  이렇게 주위의 온도에도 불구하고 또는 소모되는 음식의 양과 질에도 불구하고 어떠한 한도 내에서 체온이 조절된다는 사실은 놀라운 인체 기관의 가장 큰 수수께끼의 하나입니다. 만일 음식물이 체온과 노동 에너지의 유일한 근원이라면 장기간의 단식은 불가능할 것입니다.

그러면 음식물이 생명을 주는 것이 아니라면 인체 조직에서 먹고 마시는 기능은 무엇입니까? 그들이 할 수 있는 것이라고는 단지 생명력을 나타낼 수 있을 만한 상태의 육체를 유지하기 위하여 물질을 공급하는 것일 뿐입니다. 생명력이 신경 조직에 의하여 인체의 세포나 기관 내(內)로 흘러들어오는 것은 인체의 정상 상태, 즉 건강 상태에 달려 있습니다. 다시 말해서, 인체(생체)가 보다 정상적이고, 보다 건강하고 완전하면 할수록 보다 많은 생명력이 흘러들어올 것이라는 말입니다."

2. 단식과 우주 에너지의 흡수

에너지 공급원(供給源)은 세 가지이다. 즉 먹고 숨쉬며 잠자는 것이 그것이다. 그러나 이 세 가지 공급원 중에서 수면이 가장 중요하다.

우리가 적당히만 먹고 마시고 호흡한다면 잠은 덜 자도 되고 우리가 충분한 수면을 취한다면 보통 양(量)의 음식을 안먹어도 된다는 것은 쉽사리 알 수 있다.

왜 단식이 유체이탈을 증진시키는 하나의 이유가 되는가 하면 이 때문이다. 단식이 진행되면 에너지 공급원의 하나가 차단되므로 체내에 필요한 양의 에너지를 유지하기 위하여 밤에 유체가 외부로 빈번히 투사(投射)된다.

그것은 부족한 우주 에너지를 보다 많이 받아들이기 위해서이다. 이것으로 사람들은 어떻게 에너지를 잃지 않고 오랫동안 단식을 할 수 있는가 하는 것이 설명되는데, 실제 어떤 경우에는 오히려 단식중 에너지가 증가하기도 한다.

어떤 사람은 이렇게 말할 것이다.

"단식중 환자가 잠을 더 자지 않아도 부족한 에너지를 보충해 나가는 것은 어째서인가?"

바꾸어 말하면, 어찌하여 피험자가 단식하지 않을 때보다 단식할 때에 잠을 통하여 보다 많은 에너지를 받아들이는 데도 왜 여전히 잠자는 시간은 같은가?

이에 대한 대답은 그것이 잠자는 시간에 달려 있는 것이 아니라, 수면중의 유체와 육체 간의 분리된 거리에 달려 있다는 것이다.

에너지를 충전하기 위하여 수면중 유체는 육체로부터 멀리 떨어질수록 우주 에너지를 보다 쉽사리 응축한다는 것을 상기해 보라. 그러면 우리는 단식과 유체이탈과의 관계를 알 수 있다.

잠을 오래 자면 잘수록, 육체가 무력하면 할수록 유체가 이탈해 나간 거리는 멀다. 왜 수면 상태에서 피험자가 장시간의 자연 수면과 똑같은 효과를 단시간에 낼 수 있는가 하는 이유가 바로 여기에 있다.

동양 사람들은 이미 오래 전에 이 우주 에너지의 중요성을 간파하고 있었다. 그들은 이것을 '푸라나(prana)'라고 불렀는데, 수와미 바크 뤼쉬타는 이를 이렇게 정의했다.

"푸라나는 온 우주에 가득차 있는 영묘(靈妙)한 에너지의 한 형태로 인체에는 특수한 형태로 나타난다. 이 영묘한 힘, 즉 푸라나는 하나의 유기체로부터 다른 유기체로 전해질 수 있는 것으로 생각되며, 또한 그 에너지화(化)한 힘에 의해 여러 가지 초자연적인 불가사의한 현상이 생겨나는 것으로 생각된다. 푸라나는 서양 신비학자(神秘學者)들이 말하는 '인체자기(人體磁氣)'와 아주 흡사하여 과거 수세기 동안 동양 사람들이 말한 푸라나나 서양 사람들의 인체자기는 그 어원(語源)상 차이가 있을 뿐 결국은 같은 것이라고 생각된다."

이 우주 에너지는 여러 가지 기능을 가지고 있다. 그 중의 하나가 치유 기능이다. 모든 병의 치유는 우주 에너지에 의

한다. 의약·지압·크리스천 사이언스(Chris tian Science : 일종의 정신요법) 기타 모든 치료법이 이 푸라나에 의하여 병을 치료하는 것이다.

어떠한 치료법이든 그 외의 치료법이 할 수 있는 것이라고는 보조일 뿐이다. 여러분이 병이 났을 때, 단식하는 것은, 인체 제독(除毒)을 도울 뿐만 아니라, 자동적으로 치유 에너지인 우주 에너지의 흡수를 증가시키는 것이 된다.

그런데 우주 에너지의 흡수는 유체이탈에서 이루어진다. 특히, 이탈의 거리가 멀면 멀수록 우주 에너지인 푸라나의 흡수를 더욱 자유롭게 한다. 그리고 환자는 건강한 사람보다 유체이탈이 더 용이하다. 그러므로 병은 유체이탈에 결정적인 요인이 된다(다른 학자들이 어떻게 설명하건 관계없다).

즉, 몸이 쇠약하면 할수록 대규모적 이탈이 가능하다고 볼 수 있다. 그러나 병약자가 대규모적 이탈이나 장시간 이탈을 하고자 하는 것은 위험한 일이다.

내가 말하는 것은, 유체이탈의 적극적 요인은 병이므로 의도적으로 병을 만들라고 충고하는 것은 아니다. 나는 다만 건강이 유체이탈의 기술 면에서 필요한 요인이라고 주장하는 것이 얼마나 우스꽝스러운가 하는 것을 명백히 하고자 할 따름이다.

만일 건강이 필수조건이라는 것이 사실이라면 사람이 죽음에 가까우면 가까울수록(쇠약해지면 쇠약해질수록) 죽기란(영구적 이탈이란) 더 어려울 것이다. 그러나 그렇지 않다는 것은 상식이 우리에게 말해 주고 있다.

일반적으로 사람들이 믿고 있는 또 한 가지는, 인간이 자기의 에너지를 '태운다'는 생각이다. 그러나 정말로 인간이 하는 일은 우리의 에너지를 '외형화(객관화)'하는 것이다.

즉, 신경 에너지가 유체로부터 객관화 되는 것이다. 신경질적인 사람에게 있어서 이 외형화는 매우 현저하다.

이 때문에 사람이 신경증 환자가 되는 것이다. 내 생각으로는 이같은 에너지의 외형화를 어떤 기계로 측정할 수 있다고 본다.

만일 누가 신경증 환자에게서 에너지의 과다한 외형화를 차단한다면 신경질 기질은 나타나지 않을 것이다.

수면중 신경질인 사람들이 다른 기질의 사람들보다 더많은 충전을 필요로 한다는 것은 쉽게 알 수 있다.

어떠한 육체적 운동이나 자세는 우주 에너지를 외형화시키는 반면, 또 다른 운동이나 자세는 에너지를 내형화시킨다.

공포가 혈액 속에 거의 동시에 독(毒)을 넣어 준다는 것이 발견되었다. 이런 이유로 해서 사람은 공포에 휩싸이면 쇠약해진다고 한다.

공포는 자동적으로 사람을 쇠약하게 하여 유체로부터 신경 에너지를 외형화 한다. 공포보다 더 완전히 그리고 신속히 신경 에너지를 외형화 하는 것은 없다.

만일 에너지가 '타버린다'는 것이 사실이라면, 우리가 공포에 사로잡혔을 때와 같이 그러한 '즉각적 쇠약'이란 상태는 일어나지 않을 것이다.

에너지는 어디에나 있는 것이며 없앨 수 없는 것이다. 그것은 만들어지는 것도 아니며 타 없어지는 것도 아니다. 그것은 내형화, 외형화 하여 유체 내에 응축되는 것이다.

유체가 이탈하여 의식이 있을 때, 사람은 이 신경 에너지를 관찰할 수 있다. 즉, 그는 딴 사람들의 육체에서 에너지의 색(色)이나 응축 상태를 볼 수가 있다.

그것은 하얀 불빛처럼 빛난다. 유체가 인광(燐光)을 발하게 하는 것은 이 에너지이다. 유체가 중속도(中速度)로 움직일 때 그 뒤를 쭉 따르는 것은 이 응축된 에너지의 섬광(閃光)이다.

이 신경 에너지의 불꽃을 온 몸에서 볼 수 있지만, 신체의 중앙이 가장 심하다. 즉 복강신경총 근방이 가장 빛난다.

나는 이것을 여러 번 보았다. 나는 유체 관찰로 보아 인체에서 가장 응축 에너지가 많이 저장되어 있는 곳은 복강신경총 근처라고 믿고 있다. 또한 그것이 틀림없다는 생리학적 증거도 가지고 있다.

단식은 유체이탈을 어떻게 돕는가?

우리는 우주 에너지가 있다는 것, 또 그것은 우리가 먹는 음식에서 전적으로 생겨나는 것이 아니라는 것을 언급했으므로 그리스도가 음식에 대하여 언급한 즉,

"사람은 빵으로만 사는 것이 아니다."

를 되새겨 보기로 한다.

그리스도는 오랫동안 단식했던 것으로 알려지고 있는데, 그는 영적 현상을 나타내기 위하여, 또한 그가 자기의 영체(靈體) 여행을 돕기 위해 그렇게(단식) 했던 것이라 생각된다.

여기에서 우리는 왜 단식이 유체를 자유롭게 하는 경향이 있는가 하는 이유를 알게 되었다. 그러나 추호의 오해도 없도록 하기 위해 우리는 다시 이에 대하여 고찰하고자 한다.

수면·음식 및 호흡은 인체 에너지의 근원이다. 그 중에서도 수면이 주요 근원이다. 그것은 쇼펜하우어가 말했던 바와

같이, '각자에게 수면이란 것은 시계에 태엽을 감는 것과 같은 것'이기 때문이다.

다음에 음식은 2차적 에너지원(源)이기 때문에 단식을 행하게 되면 이 2차적 에너지원이 차단된다. 그러므로 유체(에너지의 콘덴서)는 보통 수면 때보다 더 충전하기 위해(단식으로 부족해진 푸라나를 더 보충하기 위해) 더 많이 이탈한다.

이것은 단식중에는 평온대(정상 수면시의)가 훨씬 더 이탈한다는 것을 의미하는데, 이는 왜 단식이 유체이탈에 적극적 요인이 되는가 하는 이유의 하나가 될 뿐이고, 또 하나의 이유가 있는데 그것에 대하여는 '억합된 욕구'에서 논의하기로 한다.

의식을 잃게 하는 타격 따위가 많은 사람으로 하여금 의식을 회복했을 때, 더욱 원기 왕성함을 느끼게 하는 때가 있는 것을 우리는 자주 보게 된다.

그것은 왜냐하면, 유체가 꽤 멀리 빠져나가서 우주 에너지의 흐름 속에 있었기 때문임이 분명하다. 여기 내가 관찰한 또 하나의 이유를 제시하기로 한다.

의식은 에너지를 소모한다

힘든 일에는 에너지가 소모되는 것과 마찬가지로 의식(단, 잠이 깨어 있을 때)에도 에너지는 소모된다. 여러분이 가만히 앉아 있거나 꼼짝 않고 누워서 의식을 가져 보라. 그때도 에너지는 소모된다.

여기에서 여러분에게 또 한 가지 명기해 두고 싶은 것은, 유체가 육체와 분리되어 이탈하면 유체가 충전을 하는데, 무의식이 필요한 것은 충전의 보다 완전한 효능을 거두기 위함이라는 것이다.

여러분이 유체를 이탈하여 언제나 의식을 유지한다면 유체는 충전을 하지 못할 것이다. 그러므로 무의식은 이탈과 관련하여 필수적인 요인이다.

나는 완전히 의식 이탈을 경험한 후, 유체가 육체와 재결합했는 데도 여전히 원기가 없음을 느꼈던 때가 여러 번 있었다.

한편, 무의식 이탈을 했을 때(유체가 육체와 재결합 했을 때 비로소 이탈되었던 것을 알아 차렸을 경우) 나는 언제나 원기가 남는 것을 느꼈으며, 어떤 때는 의식이 돌았을 때 하늘로 날아 오를 것 같은 생각마저 실제 드는 것을 알았었다. 그러나, 의식 이탈 후에는 후두부 두통을 동반하는 동시에 녹초가 되어 버림을 느끼는 것이 보통이었다.

▲소녀의 복부에서 나오는 유체

이것은 보통 심령사진(사이킥 포토그래프)이라고 불리우고 있는 살아 있는 인간에 의해 일어나고 있는 현상의 하나다. 1957년 미국 일리노이주 시카코에서 촬영된 것으로서 촬영에는 구식 포라로이드 카메라가 사용되었다. 필름을 빼는 순간에 기묘한 형상이 화면에 나타났다. 많은 영능자들은 이것이 심령체인 것 같다고 지적하고 있다. 이 소녀는 옛날에 몇번의 영적 체험이 있었다고 말하고 있다.

제 8장
이탈을 위한 꿈의 조절

1. 꿈 조절과 이탈

유체이탈 중의 의식(意識)

 대다수의 유체이탈 실례에서 '의식(意識)'이란 것은 주로 우연한 일(즉, 의식이 나타나느냐 않느냐는 우연인 것 같다)이지만, 하고자 하는 일이 이루어질 수도 또는 영향력이 미칠 수도 있는 것이 거의 틀림없다고 나는 생각한다.
 물론, 이탈의 시초부터 의식이 있을 수 있으나 그것은 특별한 경우이다. 나는 의식이 있었던 여러 경우에서 그 원인을 분석해 보았다.
 이탈의 시초부터 의식이 있지 않으면 의식은 처음의 꿈의 형태로 나타나기 시작한다.
 이탈시 의식이 갑자기 나타나는 경우는 거의 없고, 의식이 오기 전에 먼저 꿈을 서서히 꾸게된다.
 꿈이 유체의 행동과 일치되면 의식은 보다 쉽게 온다. 그것이 바로 꿈의 조절이 매우 중요한 요인이 되고 있다. 이제 내가 '잠의 각성(覺醒)'에 대하여 이야기하면 이 점이 해명될 것이다. 그러면 여러분은 '꿈 의식'과 '참 의식'과의 차이를 알게 될 것이다.

'꿈의식과 참의식'의 경험

나는 높은 천정과 채광용 유색(有色)창이 있는 큰 방에 들어간 꿈을 꾸고 있었다. 내가 처음 그곳에 들어갔을 때, 그것은 커다란 방이었는데 그 안에 들어가 좀 있다 보니 그것이 바뀌었음을 알았다.

다시 그것은 조그만 방이 되었는데 천정 한 가운데에 빛을 볼 수 있는 조그마한 구멍이 하나 있을 뿐이었다.

그 방은 약 4평 정도의 방이었던 것으로 기억되는데, 나는 방 한가운데의 방바닥에 서서 천정의 그 구멍을 치켜 올려다보고 있었다.

그것은 내가 빠져 나갈 수 있는 유일한 구멍이었다. 내가 처음에 보았던 문과 창이 안 보였기 때문이었다.

나는 그곳에 서서 올려다보면서 어떻게 하면 빠져 나갈 수 있을까 생각하고 있었다. 그곳은 벽이 사방으로 아주 매끈했기 때문에 창문 있는 데로 기어올라갈 길이 없었다.

방 안에는 내가 올라설 만한 것이라고는 아무 것도 없었다. 그래서 나는 천정 구멍만을 쳐다보고 있었던 것이다. 얼마 동안 서 있자니 갑자기 나는 저 구멍으로 날아갈 수도 있지 않을까 하는 생각이 들었다.

나는 공중으로 오르기 시작했다. 그러나 그 구멍을 빠져나가던 나의 몸은 걸리고 말았다. 몸통의 반, 즉 엉덩이 아래쪽은 방 안쪽에, 윗쪽 반은 바깥쪽에 있었다.

나는 이렇게 요지부동이 되어 진퇴양난이 되었다. 여기서 잠이 깨어 그때 일어나고 있던 일을 알아차리기 시작했다.

알고 보니 이탈이 되었던 것이다. 그렇다. 잠이 깨면서 이탈이 되었음을 발견한 것이다.

그런데 재미있는 일은, 유체의 자세가 꿈에서의 그 자세와 일치하고 있는 것이었다. 의식이 들어 왔을 때 나는 그 천정을 빠져나가는 도중이었다. 즉, 의식했을 때 나는 나의 빈 육체의 바로 윗쪽으로 반듯이 서서 올라가 반은 천정 위에 반은 천정 아래에 있었다.

이것은 내가 여러 번 경험한 '잠의 각성'의 한가지 실례에 지나지 않는다. 나는 매번 꿈이 유체의 행위와 일치할 때, 보통 '참 의식'이 나타나는 것을 보았다.

꿈이 유체의 행위와 일치할 때, 그것은 언제나 유체이탈을 가져 오는 원인이 된다.

꿈의 세계

꿈의 세계란 것이 있다. 우리가 꿈을 꾸고 있을 때, 사실은 (육체 상태에서) 의식이 있을 때와 똑같은 세계에 있는 것이 아니다. 꿈꾸는 동안 사실 우리는 유계(幽界)에 있으며, 보통 우리의 유체는 평온대에 있다.

여러분은 잠이 들어(양체가) 불일치하면 언제나 유계로 들어간다는 것을 처음 알았을 것이다.

여러분이 평온대에 머무른다는 사실은 여러분이 유계에 있다는 것이나 마찬가지이다. 이탈하면 여러분은 유(幽)·육(肉) 양계와 조화를 이루며 진동을 맞춘다.

여러분은 이탈했을 때나 안 했을 때나 의식이 있을 수도, 부분 의식이 있을 수도, 무의식일 수도 있다.

꿈의 상태란 완전 의식과 완전 무의식과의 중간 상태이다.

꿈의 조절 이탈법

잠자리에 들면 며칠 밤(몇 주면 더 나을 것이다) 동안 잠에 들어가는 과정에서 자기 자신을 주의해 보라. 그리고 사고(思考)를 자기 자신에게다 집중해 보라.

자기 자신 외에는 아무것도 생각하지 말라. 점점 의식이 희미해져감에 따라 자기 자신에게 더욱 주의를 기울이도록 하라. 여러분이 직접해 보면 이 말의 의미를 알게 될 것이다.

여러분이 의식을 잘 집중시켜 깊은 잠으로 막 들어가는 상태를 느낄 때, 그리고 실제로 잠에 휩싸일 때, 적극적으로 적당한 꿈을 하나 구상할 필요가 있다.

또 꿈이 만들어져야 여러분은 꿈속에서 능동적이 된다는 것을 명심해야 된다. 그리고 나아가서 꿈이 만들어져야 여러분도 하는 행동이 이탈시 유체와 방향이 일치하게 된다.

여러분은 무엇을 평소에 좋아하는가? 수영, 비행기 여행, 기구(氣球) 타고 하늘 날기, 엘리베이터 타기 등 여러분들이 하기 좋아하는 것을 꿈속에서 하라.

만일 좋아하지 않는 것을 택하면 감정이 유쾌하지 못하기 때문에 이탈이 잘 안된다. 그러므로 여러분이 하고 싶은 유쾌한 감정을 가지고 행동을 하라. 그러면 일단 이탈이 되어 완전의식이 든다면 여러분은 실제로 유체가 공중에 둥둥 떠다니는 기분을 맛볼 것이다.

예를 들어 엘리베이터를 타고 올라가기를 즐기는 사람을 생각해 보기로 하자(이것이 내가 늘 하던 방식이다). 당신은 잠속에 빠질 때까지 의식을 유지하는 방법을 이미 배워 알고 있다.

등을 방바닥에 대고 눕는다. 자신을 마음속으로 다음과 같이 생각한다. 엘리베이터 바닥에 등을 대고 누워 있다고 생각한다. 엘리베이터에서 조용히 누워 잠속으로 들어가고 있다.

점점 잠이 들어감에 따라 엘리베이터는 올라가고 있다. 그리하여 엘리베이터가 올라가는 기분을 즐기고 있다.

이제 높은 빌딩 맨 윗층까지 막 올라가려 하는 순간에 약간 흔들린다. 천천히 그리고 소리없이 올라가고 있다. 계속 올라가고 있다, 올라가고 있다! 동시에 당신은 위로 올라가고 있다는 것을 마음속에서 의식한다. 그래서 그 기분을 최대한으로 맛보고 있다. 이제 맨 윗층에 닿았다. 그리고 멈췄다. 당신은 일어나 엘리베이터에서 걸어나와 빌딩 윗층 복도를 돌아다닌다.

돌아다니면서 모든 것을 자세히 관찰하고 주위를 둘러본다. 이제 다시 엘리베이터로 돌아와서 바닥에 눕는다. 서서히 아래로 내려온다. 방금 엘리베이터 바닥에 누워 빌딩 맨 아랫층까지 내려왔다.

이상은 유체가 육체로부터 빠져나가도록 유도하기 위해 내가 만든 꿈이었다. 이와 똑같은 꿈을 몇 번이고 반복적으로 사용하는 것이 중요하다. 왜냐하면, 당신이 처음 어떤 꿈을 가지고 해 보았다가 다시 다른 꿈으로 변경하려면 잠으로 들어갈 때, 잠재의식이 매일 저녁 똑같은 것을 반복했던만큼 그 지어 낸 꿈에 의해 강한 인상을 받지 못하기 때문이다.

꿈은 당신의 잠재 의식에 하나의 암시를 준다. 그리하여 의식은 그에 준하여 행동한다.

당신은 깨어난 후에 꿈을 기억할 수 있어야 한다. 이 방법의 또 하나의 이점(利點)은 혼줄과 같은 기타의 방법에 의하여 이탈이 유도되었을 때 처럼 사람을 괴롭히지 않는다는 것이다.

적당한 꿈은 언제나 이탈시킨다

이제 여러분은 내가 말한 꿈을 활용하지 않아도 된다. 여러분이 모든 면에서(행위 등 기본적으로) 적당한 꿈을 스스로 만들어내도 좋다. 아마 여러분은 그러한 꿈을 꿀 수는 있지만 유체이탈이 내가 말한 것처럼 잘 안될 것이라고 생각할 것이다. 그러나 천만의 말씀이다. 비록 여러분의 의식이 분명하지 않다손치더라도 그것이 이탈되는 것은 틀림없다.

그러므로 일상 생활에서 중요한 일을 구상하듯이, 여러분은 꿈을 구상하라. 여기에서 꿈을 꾸는 기술에 대한 캐링턴 박사의 몇 가지 방법을 소개하겠다.

거울속에 있는 당신 자신의 모습을 그려라. 이를테면, 당신의 몇 미이터 뒤에 거울이 있다고 상상하고 자신이 그 거울속으로 뒷걸음질쳐 들어가는 모습을 그려 보라.

또는 당신의 몸에서(모든 땀구멍에서) 수증기가 나는 것을 상상하라. 그리하여 이 수증기가 머리 위에 모여 당신 자신의 모습과 똑같이 되어서 공중으로 오르는 것을 그려보라.

또, 사다리를 오르거나 줄을 타는 것을 상상하는 것도 좋은 방법이다.

또, 물 탱크에 물이 점점 차 올라 자기가 떠 있는 곳까지 꽉 찬 것을 생각하는 것도 괜찮은 방법이다. 그리하여 물 탱크의 한 쪽에 그가 빠져나갈 조그마한 구멍이 하나 있음을 발견하는 것이다.

이때 그가 물을 무서워하는 사람이면 바람직하지 못하다. 별이 빙빙 돈다는 생각도 유체활동을 자극하는데 흔이 활용되는 방법이다.

꿈 조절법의 대요(大要)

꿈 조절에 의한 유체이탈법을 요약하면 다음과 같다.
(1) 잠이 드는 바로 그 순간까지 의식을 유지할 수 있도록 스스로를 수양하라.
(2) 자기 자신이 행동의 주인이 되는 꿈을 구상하라.
(3) 꿈이 마음속에 생생하도록 하라. 잠이 들어감에 따라 꿈을 시각화(視覺化)하라.
부분적 의식 이탈은 무의식 이탈에 의해 접근된 단계인데, 의식 이탈도 부분 의식 이탈에 역시 한단계 접근되고 있다.
유체가 우연히 깨어나는(깨는 이유는 모르겠음) 것이 아니라면, 참 의식을 갖게 할 어떠한 수단이 강구되어야 한다.
내가 아는 한, 이탈한 유체를 깨우는데 도움이 될 방법은 딱 두 가지가 있다(그 외에는 저절로 깨어나는 것이다).
그 한 가지는 '소리'이고, 또 한 가지는 이탈 전에 '적당한 암시를 주는 것'이다. 후자가 훨씬 좋은 것으로 전자는 유체가 혼줄의 활동 범위를 벗어 났을 때만 작용하며, 혼줄의 활동 범위 내에서는 소리가 역효과를 만들어 유체를 내형화 한다. 더욱 이탈하면 할수록 저절로 의식이 들기 쉽다는 것을 직접 해보면 알 것이다.

제9장
잠재적인 욕구와 이탈

1. 이탈과 잠재적인 욕구

잠재의식을 자극하여 동작케 하는 요인

　잠재의식이 육체(결합체)를 움직이고자 할 때, 육체가 무기력하면 잠재의식은 유체를 육체로부터 내 보내게 된다. 이것이 유체이탈의 기본 법칙이다.
　물론, 우리가 완전의식 상태에서 동작이 가능할 때, 잠재의식으로 하여금 결합체(즉, 유체)를 움직이게 하는 것은 조금도 기술이라고 할 수 없다.
　이것은 우리가 매일매일 하고 있기 때문이다. 우리가 단지 필요로 하는 것은 (우리)스스로에게 '우리는 걷는다'고 암시하는 것 뿐이다.
　그러면 잠재의식은 다른 지시를 받을 때까지 계속 우리를 걷도록 한다. 그러므로 잠재의식은(우리가 매일매일 사용하고 있으므로) 결코 신비로운 것이 아니다.
　그런데, 이 잠재의식이 수면할 때, 어떻게 유체를 움직이도록 유도하는가 그것이 큰 의문이다. 그래서 나는 그것이 어떻게 이루어지는가를 보여 주기 위해 우선 이러한 추리를 해 보기로 한다.
　만일 잠재의식을 움직이게 자극하는 비고의적(非故意的)

요인이 발견되어질 수 있다면, 그와 똑같은 요인을 고의(故意)로 작동케 하여 동일한 결과를 가져 오도록 할 수 있지 않을까? 물론 그것은 가능하다.

M·푸라마리온(M.Flammarion)은 언젠가 이렇게 말한 적이 있다.

"모든 과학 문제에는 두 가지 검토 방법이 있다. 관찰법과 실험법이 그것이다."

내가 유체이탈에 관한 지식을 얻게 된 것은 바로 이 방법에 의해서였다. 의식적 또는 비고의적 이탈중 주의깊은 관찰과 분석과 실험에 의하여 나는 잠재의식을 일으키는 이들 요인을 알 수 있었다.

여기서 나는 첫째 이들 요인을 열거하고 다음에 그것을 설명한 다음, 그리고 나서 유체이탈의 목적으로 그를 어떻게 이용할 것인가를 보여 주기로 하겠다.

(1) 꿈
　① 비행형(飛行型)
　② 욕구와 버릇을 유발하는 꿈
(2) 욕구(꼭 필요한 것이 아닌데, 어떤 것을 갖거나 하고 싶어하는)
　① 격렬한 욕구
　② 억압된 욕구
(3) 육체적 욕구(필수적인 것)
　① 배고픔
　② 갈증
　③ 무기력(우주 에너지의 결핍)
(4) 습관
　① 오래 계속되는 버릇

② 틀에 박힌 일
③ 바라는(欲) 버릇
④ 좌절된 버릇

곧 알게 되었지만, 이들 열거한 요인 중에서 어떤 것은 다른 것만큼 강하지가 않다.

이미 (1)항의 '꿈'에 대하여는 논의한 바 있다. 즉 잠재 의지(意志)는 꿈에 의하여 어떻게 반응하는가, 그리고 이탈을 촉진하는데 꿈을 어떻게 이용하는가를 우리는 알고 있다. 다음에서는 (2),(3),(4)항에 대하여 논하기로 한다.

잠재 의지가 모든 잠재 정신계를 지배하는 것은 아니다. 잠재 정신은 대단히 방대한 것이다. 위에 열거한 요인중의 하나가 만일 우연히 표면에 나타나거나, 수면 중(잠재 정신의) 표면에 남아 있을 만큼 강하면, 잠재 정신은 잠재 의지에게 어떤 행위를(수면중에 하듯이) 암시할 수가 있다.

즉, 우리가 자고 있을 때 잠재 의지에 주는 암시(몸을 움직이도록 하는)는 잠재 정신에서 나온다. 그것은 마치 우리가 자지 않고 있을 때(몸을 움직이도록 하는) 암시가 현재(顯在) 정신에서 나오는 것과 같다,

암시가 정신의 어데서 나오느냐 와는 상관없이 몸을 움직이게 하는 것은 다같은 '의지'인 것이다. 전자의 경우(수면중)에서는 유체가 육체로부터 나오는데, 후자의 경우(깨어 있을 때)에서는 왜 나오지를 않느냐 하는 유일한 이유는 단지 전자의 상태에서는 육체가 무기력하기 때문이다.

암시에 의해 잠재의식이 암시에 반응하듯이 잠재의식의 암시에도 쉽사리 반응한다.

가장 근본 요건은 이 작동(作動) 요인 중의 하나가 잠재 정신에 아주 강력한 인상을 주어 수면중에도 그 잠재된 마음

속에 그 인상이 남아 있도록 하는 것이라는 것을 쉽게 알 수 있다.

　이것은 반복 행위 ('일상적 버릇'에서와 같이)나 암시 ('욕구'에서와 같이) 에 의하여, 혹은 어떤 경우에는 행위와 암시라는 두 가지의 결합으로 잠재 마음을 통해서 된다.

　우리들이 이 '작동' 요인 중 하나를 잠재 마음속에 인상지어 놓으면 비고의적 이탈이 수면중에 일어나는 일이 자주 있다. 이를 설명하면 이렇다.

　혹 여러분은 어떤 곳에 자주 가는 버릇이 있을 것이다. 이런 버릇을 계속하고 있노라면, 그것이 여러분의 마음속에 새겨진다.

　그런데 이 인상이 아주 강해 수면중 표면에 나타나면, 마음속에 여러분이 그 행위를 되풀이 하도록 암시하여 잠재의식에 그 암시가 주입(注入)된다.

　그러면 기타의 요인, 즉 기질(氣質)이라든지 육체의 무기력(無氣力) 등이 호전되어 그 결과 유체이탈이 일어난다.

　학자들은 '자연적(유체)' 이탈이란 것이 있다고 말한다. 그러나 거기에는 언제나 보이지 않는 이유가 있는 것이다. 그것을 '자연적'이라고 하는 이유는 단지 그 원인은 있으나, 이탈에 알맞은 조건이 부지중에 생겨나기 때문일 따름이다.

　정상적인 버릇과 정상적인 욕구가 때로는 적합한 기질에서 이탈을 일어나게 하지만, 결국 그것은 잠재 마음속에 그다지 강한 인상을 주지 못한다.

　격렬한 욕구와 오래 계속되는 버릇은 잠재 마음속에 보다 강한 인상을 주며, 그러기 때문에 한층 적극적이다. 실제적으로 오래 계속되는 버릇과 격렬한 욕구는 마음속에서 직접 뿌리박는 것이다.

억압된 욕구나 좌절된 버릇도 비슷하게 작용한다. 하나의 버릇이 마음속에 깊이 뿌리박혀진 후, 잠재하는 마음은 쉽사리 그 버릇이 되어 버리는 원인이 되는 것이다.

또 잠재심(潛在心)은 버릇을 나타내려는 욕구, 즉 편향성(偏向性)이 있는 것 같다. 왜 버릇을 고치기가 어려운가 하면 그 때문이다(즉 버릇은 뿌리박고 있는 잠재심에 의하여 표출되기 때문이다).

만일 깊이 뿌리박혀진 버릇이 있는데, 그것이 갑자기 좌절되면 잠재심에 스트레스가 온다. 여러분은 그 스트레스를 내심으로 느낄 것이다.

억압된 욕구도 비슷하게 작용한다. 여러분에게 깊이 뿌리박혀진 욕구가 있을 때 만일 그 욕구가 채워지지 못한다면, 여러분은 의식적인 노력으로 만류하려고 할 것이다. 그러나 여러분의 내심은 자꾸만 욕구를 계속 추구하게 된다.

그리하여 욕구와 욕구 억압 사이에 있는 여러분의 잠재심에 스트레스를 증가시킨다. 마음속에서 이를테면 갈등이 벌어지는 것이다. 잠재심 내에서 스트레스가 너무 커지기 때문에 여러분이 잠들어 그 이상 의식적으로 그것을 억제하지 못하게 되면 폭발해 버리고 만다. 그리하여 잠재 의지가 행동하지 않을 수 없게 된다.

억압된 욕구, 좌절된 버릇 및 틀에 박힌 행동 등은 잠재심에 압력을 넣는 3대(大) 요인으로서 비고의적(非故意的) 이탈을 가져오게 한다. 물론 다른 요인들이 양호할 경우 가능하다.

만일 여러분이 무의식 이탈자의 이탈과정을 본다면 유체가 낮에 하던 버릇대로 하는 것을 자주 볼 것이다. 잠재심은 행위를 너무나 깊이 뿌리박게 하기 때문에 유체는 습관적인 과정을 밟기 시작한다. 틀에 박힌 일과 버릇은 다소간 서로 뒤섞인다.

욕구가 작동요인이라는 것을 어떻게 발견했나?

그러면 필수 요건인 욕구에 대하여 검토해 보기로 한다. 나는 우리가 수면중 욕구가 직접적으로 잠재 의지에 '암시를 준다'는 사실을 어떻게 발견하게 되었는가를 우선 말해 보겠다.

어느 더운 여름 밤 나는 잠자리에 들어 침대에 눕자 목이 말라옴을 느꼈다.

—— 물을 마시고 싶었던(욕구)것이다. —— 그러나 나는 일어나서 그 욕구를 채우지 않고, 꼼짝 않고 침대에 누워 있었다. 솔직히 말한다면 나는 너무 게을렀기 때문이었다. 아마 졸립기도 했으리라.

그러므로 욕구가 채워진 것이 아니라 억압 당했다. 몇 번이나 나는 얼른 일어나서 물을 마시러갈까 했으나 번번히 그러지를 못했다. 드디어 잠이 들어 버렸다.

내가 의식을 되찾았을 때에는 나는 유체가 이탈된 상태에 있었다. 그것은 꿈(의미심장한 꿈)의 결과로 온 것이었다. 나는 부엌 하수구 윗쪽에 있는 수도꼭지 옆에 서서 물을 먹으려는데 그것을 틀 수가 없는 꿈을 꾸고 있었다.

거기서 나는 의식이 분명해졌는데 나의 두(유체의) 손은 그 꼭지에 가 있었으나 물론 그것을 틀지를 못하였다.

　　[주해] 내 생각으로 이것은 유체이탈이 단순한 꿈이 아니라는 여러 가지 강력한 방증의 하나라고 본다. 꿈 속에서 꿈꾸는

사람이 꼭지를 틀어 갈망하던 물을 얻는다는 것은 세상이 다 아는 일일 것이기 때문이다. 그러나 멀두운씨는 유체이탈중에는 그것이 안된다는 것을 몇 번이고 강조하고 있다.

G·캐링턴——

　꿈과 실제 일어났던 일 사이에는 이러한 차이가 있었다. 꿈속에서는 수도꼭지가 너무나 꽉 닫혀 있기 때문에 그를 틀 수 없다고 나는 생각했으나 맑은 의식으로는 내 손이 물질에 직접 닿지 못하기 때문이었다는 것을 나는 알고 있었다.
　그때, 나는 '욕구'가 이탈에서 어떠한 역할을 한다는 생각이 떠올랐다. 그래서 나는 이 방향쪽으로 계속 실험하여 그것이 옳았다는 것을 발견했다.
　하나의 억압된 욕구가 이미 욕구가 아니라고 생각해서는 안된다. 왜냐하면 억압은 다만 의식에 의하여 되지만, 실제의 욕구는 잠재의식에 있기 때문이다. 사실상 억압된 욕구는 잠재의식 속에서 강력한 욕구로 잠자고 있으며, 그러므로 해서 그것은 표면에 나타나며, 수면중에는 '암시' 역할을 한다.
　일반적인 욕구의 경우, 그 인상이 잠잘 때까지 나타날 정도로 강하지 않으면 여러 날(몇개월까지도) 계속될 것이나, 갈증처럼 필수 불가결한 욕구의 경우에는 단 한 시간이 지난다 해도 그 욕구가 강력히 잠재심에 인상박히게 되는 것이다.
　여러분은 내 말이 아니라더라도 이것을 알고 있을 것이다. 만일에 여러분이 모르고 있다면, 갈증이 날 때 욕구를 억압하여 도저히 견디어내지 못할 때까지 그 욕구를 눌러두었을 경우, 여러분은 마시고 싶은 욕구가 얼마나 강력히 나타나는가를 알게 될 것이다.

그것이 바로 잠잘 때 나타나는 것이다. 즉 당신이 물을 욕구한다는 것을 강력히 암시하여, 더 이상 의식이 없으면 그것을 억제하지 못하기 때문에 잠재의식이 신체를 움직이지 않을 수 없게끔 된다.

그래서 당신의 육체가 무기력해지면 유체는 육체 밖으로 나오게 된다. 갈증은 이탈을 일으키기에 가장 강력하면서도 가장 효과 있는 방법이다.

갈증 다음 가는 것이 시장기(배고픔), 즉 음식에의 욕구이다. 단식(斷食)은 유체이탈에 이중(二重)으로 적극적 영향을 준다. 이렇게 이야기하면 여러분은 그 첫째 이유가 생각날 것이다.

즉, 우리는 에너지에 대하여 이야기할 때, 설명한 바 있는데, 단식중에는 에너지의 2차 공급원이 단절되어 수면중, 보다 쉽사리 우주 에너지를 충전하기 위하여 유체가 멀리 이탈해 간다는 것을 알았었다.

음식물의 결핍이 유체 이탈에 적극적 요인이 되는 둘째 이유는, 음식물에의 욕구가(특히, 단식 초기는 이 욕구가 의식에 의해 억압되어 잠재 의식에 증대되기 때문에) 너무 강해져 그것이 수면중의 암시가 되기 때문이다. 잠재 의지는 갈증이 났을 때와 마찬가지로 암시에 의해 지배된다. 그러므로 유체이탈을 시도할 경우 우리는 단식의 이점(利點)을 쉽사리 알 수 있다.

억압에 좌우되는 무의식적인 유체 행위

'틀에 박힌 일'에 의한 암시가 우리 수면중에 잠재의식의 표면에 나타나 유체이탈이 되었을 경우, 의식이 돌아오지 않아 우리의 동작을 조절하지 못하면 유체는 틀에 박혔던 동작을 그대로 하게 된다.

깊히 뿌리박힌 버릇에 의한 암시가 잠재의식 표면과 수면 중에 나타나 유체이탈이 되었는 데도 의식이 돌아오지 않아 우리의 동작을 조절하지 못하면 유체는 버릇들었던 대로 하게 된다.

공중으로 오르는 꿈(암시)이 수면중 잠재의식의 표면에서 나와 이탈이 되었을 경우, 우리의 동작을 지배할 만큼 의식이 강하지 못하면 유체는 그 꿈을 실연(實演)하게 된다.

강한 욕구에 의한 암시가 수면중 잠재의식의 표면에 나타나 유체가 이탈되었을 경우, 의식이 들지 않아 동작을 조절하지 못하면 유체는 그 욕구를 만족시키려고 한다.

이탈중인 유체는 심중(心中)에서 받은 보다 중요한 인상을 따르게 된다. 잠재의식에 새겨지고 수면중 표면으로 나와 잠재 의식에 암시를 주는 여러 가지 요인을 이제까지 내가 열거했지만, 모든 요인이 전부 똑같은 식으로 작용하는 것은 아니다. 우리가 장차는 알게 되겠지만, 세 가지 종류(꿈·버릇·욕구)가 모두 다소간은 관련을 갖는 것이다.

꿈은 버릇을 만들게 하고 버릇은 꿈을 낳게 한다. 또한 욕구는 버릇을 만들게 하고 버릇은 욕구를 낳게 한다. 욕구는 꿈을 낳게 하며 꿈은 욕구를 생기게 하는 등.

여러분이 잠잘 때 튕겨져 나오고자 하는 암시는 그것이 버릇이 되었거나, 욕구가 되었거나 아니면 전체 요인의 일부나 몇가지가 되거나 그것은 신체의 동작, 즉 자아의 행동을 유도하고 있는 것임에 틀림없다. 간에 그것은 신체의 동작, 즉 자아(自我)의 행동을 유도하고 있는 것임에 틀림없다.

성적(性的) 욕구는 소극적 요인

 수면중 성욕이 얼마나 활발해지는가를 알고 있으면, 이것이 강력한 행동 요인이 되어 유체이탈에 도움이 되리라고 생각할지도 모른다. 그러나 이것은 유체이탈에서 역작용하는 요인이다.
 왜냐하면, 이같은 강한 욕구가 정적(情的)인 것으로 심화되어 육체 내의 혈액이 보다 빨리 순환하기 시작함으로써 육체의 '무기력'이 생겨나지 않기 때문이다. 따라서 유체는 이탈하지 않는다. 사실상 유체가 평온대 밖으로 빠져나가기 보다는 육체 내부에로 보다 바싹 당겨지는 것이다.
 잠재 의지에 아주 강력한 작동 영향을 주는 또 하나의 강력한 요인(좌절된 버릇)은 낯선 곳에서 잠자는 것이다. 즉 잠자는데 습관이 되지 않은 곳에서 자는 것이다.
 그러나 여러분은 잠재심이 수면중 잠자리에 익숙해진 곳으로 유체를 얼마나 되돌려 보내고 싶어하는가를 아마 생각지 못할 것이다.

낯선 곳으로부터 낯익은 곳으로의 이탈

 나는 열 아홉살이 되던 어느 날, 14마일 떨어진 이웃 마을에 살고 있는 숙모(叔母)댁을 찾아갔었다.
 그날 밤 나는 그곳에서 잤는데, 잠이 들기 전 나는 잠자리가 불편했던 모양이어서 집으로 돌아가서 내가 잠자리에 익숙한 내 방 침대에서 잠을 잤으면 하고 생각했다.
 그러다가 결국 나는 스스로 잠이 들어 이윽고 나는 꿈을 꾸었는데, 우리 집 내 방의 천정 밑, 즉 내가 언제나 자고 있던 침대 바로 위에서 두 날개로 훨훨 날아 다니고 있었다. 유체 상태에서 의식이 들었는데 돌아보니 눈에 익은 우리 집 침대 위에서 수평 자세로 헤매고 있었다.

여기에서 또 하나 체험한 것은, 내가 처음 깨어났을 때 나는 죽은 줄 알았다. 이탈하여 의식이 생겼을 때 나는 이 낯익은 방에 익숙해져 있었으므로 나의 육체가 침대 위에 누워 있지 않은 것을 알았다.

육체가 보이지 않자, 나는 얼핏 죽어 있는 동안에 내 육체를 매장해 버린 것이 아닌가 하고 생각했던 것이다.

"내 육체가 어디 갔을까? 찾아야지."

나는 허둥댔다. 그러나 내가 육체를 찾으려고 생각하자마자 나는 육체가 있는 숙모 집 방에 와 있었다.

이것으로 보아 여러분은 어떠한 생각, 즉 잠재 의식의 속도에 비하면 현재 의식은 얼마나 더디 작용하는가를 알 수 있을 것이다. 내가 (현재의식으로) 숙모 집에서 자고 있었다는 것을 기억하기도 전에 나는 육체로 돌아와 있었으니 말이다.

이 예에서 여러분은 세 가지 요인 즉, 습관·욕구 그리고 꿈이 모두 나타난다는 것을 이해했을 것이다. 더구나 나는 어떠한 곳에 가고 싶다고 원하고 있으면 그 욕구를 만족시켜 주기 위하여 유체가 그곳으로 가는 것이었다.

어떠한 이탈에서나 유체는 언제나 낯선 곳보다는 낯익은 곳으로 보다 더 쉽게 이탈한다.

죽은 사람의 유체도 욕구와 습관에 지배된다는 것은, 소위 '유령이 나오는 집'이나 '귀신 나오는 곳'을 설명하는 대답의 하나가 된다. 죽은 사람의 유체는 자기 내부에 너무 강력한

'욕구'와 '습관'을 가지고 있기 때문에 자꾸 나타나게 되고, 스트레스가 있기 때문에 그렇게 하지 않을 수 없게 된다.

우리가 잠잘 때, 유체가 나타나려고 하는 것도 이와 같은 욕구나 습관, 아니면 그 양자(兩者)의 스트레스 때문이다.

이것을 알고 있으면 우리가 잠잘 때, 잠재 의지로 하여금 유체를 내보낼 수가 있다.

죽은 후에도 습관은 버려지지 않으며, 욕구가 충족되지 않아 그로 인한 스트레스가 남아 있는 것이다.

무의식 의지가 때로는 물체를 움직인다

잠재 의지가 암시에 반응하는 방식은, 암시의 '종류'에 달려 있다는 것은 여러분이 이미 알고 있는 사실이다. 깊이 뿌리박힌 습관, 틀에 박힌 습성 등의 스트레스 아래서는 잠재 의지가 실제적 의식을 꼼짝 못하게 하는 때가 있다.

이것이 강력한 원동력이 되어 습관적 행위를 하게 되면 더욱더 강력해진다. 암시가 잠재 의식속에 너무나 강력히 뿌리박혀져 있기 때문이다.

의식있는 유체가 움직이지 못하는 것을 무의식 유체가 움직이는 이유는, 의식이 할 수 없는 원동력을 무의식 의지는 할 수 있기 때문이다. 단순한 (현재) 의식적 암시는 깊이 뿌리박힌 잠재의식적 암시만큼 강하지 못한 것이다.

유령 소동이 나는 집을 보면 같은 일이 되풀이 되는데, 이것 역시 깊이 뿌리박혀진 버릇의 스트레스에서 오는 것이다. 다음은 그 한 예이다.

내가 알고 있던 노파 한 분이 이층 방에서 살았는데, 그 노파는 그곳에서 여러 해를 살다가 세상을 하직했다. 그녀는 죽기까지 약 10년간 정규적으로 성경을 읽는 습관이 있었다.

매일 아침 4시에서 5시 사이에 일어나, 자기가 소중히 여기는 삐걱거리는 낡은 흔들의자에 앉아 앞 뒤로 흔들거리며 성경을 읽었다. 의자가 흔들릴 때마다 삐걱거리는 소리를 내는 것이다.

5시가 되면 그녀는 읽던 성경을 덮어 놓고 아랫층으로 내려오곤 했다. 이렇게 틀에 박힌 일을 그녀는 10년간을 계속 했다.

그러다 드디어 그녀는 이 세상을 떠났던 것이다. 그녀가 죽고 난 뒤, 그 집에 들어와 사는 사람들은 매일 아침 4시 경 잠이 깨면 그 노파가 사용하던 의자가 마치 누군가가 거기에 앉아서 앞 뒤로 흔들거리고나 있는 것처럼 삐걱거리는 소리를 들었다.

이 집이 '귀신 나오는 집'이라는 소문이 퍼져 그 노파가 죽은 후 살던 사람들은 물론, 그 후에 누구도 이사와서 살려고 하지를 않았다. 이사간 사람들은 미신을 믿는 사람들도 아니었고 영혼을 믿는 사람도 아니었지만, 그들은 매일 아침 4시에서 5시 사이에 정규적으로 의자가 삐걱거리는 소리가 난다는 것이었다.

이것은 습관의 스트레스가 얼마나 강한 것인가, 더 나아가서는 욕구적 습관하에서 원동력이 얼마나 강한가 하는 것을 보이는 한 실례이다.

이탈했을 때, 유체가 얼마나 규칙적인 습관에 매달려 있는가를 보이는 예를 하나 들어 보겠다.

75세 된 어느 노인이 아들 식구와 함께 살고 있었다. 모두가 그 집의 이층에서 잠을 잤는데, 이 노인은 자기 방을 혼자 쓰고, 그 집 부부가 또 하나의 방을 쓰고, 애들도 방을 따로

제9장 잠재적인 욕구와 이탈

쓰고 있었다.

이 노인은 아침, 일찍 일어나서 아래층으로 내려와 난로불을 피우는 습관이 있었다. 그는 이것을 6시 반에 규칙적으로 해왔다. 그것은 그가 어떠한 의무에서가 아니라 자기가 하고 싶어서 그렇게 했던 것이다.

어느 일요일 아침 이 시간 무렵에 아들이 윗층에서 잠이 깨었는데 아랫층 난로에서 난로뚜껑이 떨그렁거리는 소리를 들었었다. 그는 자기 부인에게 아버지(그 노인)가 난로불을 피우고 있다고 말했다. 그때 별다른 일이라고는 없었는데 한 30분쯤 있다가 그 아들 내외도 일어났다.

아랫층으로 내려와 보니 난로불은 피어 있지 않았다. 그들은 그 아버지가(아니면 다른 누군가가) 6시 반에 난로 뚜껑을 만지는 소리를 틀림없이 들었음을 다시 확인하고서 부인은 이층으로 올라가 애들한테,

"할아버지는 주무시고 계시던데 너희들이 일어나 소란을 피운 것이 아니냐?"

하고 말했다. 그러나 애들이 하는 이야기는,

"우리도 할아버지가 마루를 지나 아래층으로 내려가 난로를 떨그렁거리는 소리를 들었어요."

그 부부가 '노인이 벌써 일어났던게로군!'하고 생각했었는데, 애들도 그렇게 말하므로 부부는 노인방으로 가 보았다.

그 노인은 마치 잠자는 것 같이 보였으나, 자세히 살펴보니 죽어 있었다. 바로 의사를 데려와 보이니, 이 할아버지가 죽은 것은 적어도 5시간 전이라는 것이었다. 그러므로 그들은 자기 부부와 애들이 들었던 것은 그 할아버지의 소리가 아닐 것이라고 결론지었다.

이와 유사한 예는 얼마든지 있으며 또 기록상으로도 많다.

이탈한 유체도 습관적인 스트레스하에서는 그 '충동력'이 얼마나 강한 것인가를 우리는 알 수가 있다.

'무기력'의 요인

잠재 의지로 하여금 유체를 움직이게 하는 요인 중에 '무기력'이란 것이 있다. 이 요인을 여기서 연구할 필요는 없을 것이다. 왜냐하면 우리는 이미 '무기력'(우주 에너지의 결핍)이 유체를 보다 멀리 이탈시켜 우주 에너지계(界)에 들어가도록 한다는 것을 알고 있기 때문이다.

또한 신경질적인 사람이 보다 빨리, 그리고 보다 쉽사리 이탈한다는 것도 우리는 이미 알고 있는 바이다.

무기력은 실제적으로 육체적 조건이다. 그러나 그것이 유체이탈에 도움을 주는 것이다. 이제 여러분이 자신에게 몇번이고 반복하여 '나는 정력적이다. 나는 정력적이다. 나는 정력적이다……'(어떤 학자들이 이탈을 촉진시키기 위하여는 그래야 된다고 주장하듯이)고 한다면 그것은 사실 이탈을 돕기는 고사하고, 여러분의 유체를 육체에다 더욱 단단히 매는 결과가 된다.

에너지를 저장하면 할수록 유체 콘덴서는 이탈중에 보다 먼 거리로 나가려고 하지 않을 것이기 때문이다.

제 10 장
적당한 무기력과 스트레스의 필요성

1. 적당한 무기력과 스트레스의 필요성

적당한 '스트레스'의 계발법

이제 우리는 수면중에 잠재의식으로 하여금 육체를 어떻게하면 움직이게 하는가를 알았으므로, 다음에는 어떠한 요인을 강력하게 계발(啓發)하는 것이 바람직한지를 알 필요가 있다.

우리가 활용코자 하는 요인을 선택함에 있어, 자기가 생각하고 있는 요인만을 우선적으로 택할 것이 아니라, 무엇 보다도 잘 분석하여 자기 자신에게 적합한 것이 어떠한 요인인가를 알아보아야 한다. 즉, 잠재의식에서 발달시키기에 너무 어렵지 아니한 것을 선택할 필요가 있다.

이제 새로이 만들어낸 그러한 것이 아니라 이미 강력히 발달되어 있는 요인을 가지고 유체이탈의 법칙에 잘 조화를 시켜야 한다. 그러기 위해서는 스스로 다음과 같은 질문을 해볼 일이다.

꿈속에 자주 나타나는 것으로, 생시(잠이 깨어 있을 때)에도 나를 강력히 사로잡는 어떤 욕구가 있는가?

그것을 만족시키기 위하여 유체의 이동이 요구되는가? 그것이 성적(性的) 욕구인가?(성적욕구라면 사용하지 말 일이다. 그것은 육체의 무력(無力)을 가지고 있지 않기 때문이다). 그것이 어떤 사람에게로 향하는 복수에의 욕구인가?(그렇다면 그것을 발전시키지 말라). 나에게 내가 좋아하는 어떤 습관이 있는가? 그것이 욕구적인 습관인가?

그것이 자주 꿈꾸어지는가?(이것은 잠재심에 강하게 뿌리박혀 수면중 암시가 된다는 것을 보여 주는 것이다). 그것이 나에게는 틀에 박힌 일인가? 나는 그 틀에 박힌 일을 싫어하는가?

이와 같이 자신에게 질문해 보면 어떠한 요인이 사용하기에 가장 좋은가를 알 수가 있다.

여러분의 특수 요구에 적합한 것이면 최상이다. 여러분이 유체이탈의 필수요건을 알고 있다면 그 요인을 선택하라고는 말하지 않겠으나, 여러 가지 점으로 보아 갈증(목마름)을 시험해 보는 것이 어떨까 생각한다.

무기력 – 유체이탈과 육체적 몽유병의 근본적 차이

우리는 잠재의식이 몸을 움직이고자 하는 의사(意思)를 갖게 되어야 한다는 것, 뿐만 아니라 육체가 '무기력'해져야 된다는 것을 알고 있다.

유체이탈을 가져오기 위하여는 위의 두가지, 즉 '스트레스'와 '무기력'이 잘 조화되어야 한다는 것이다.

여러분도 기억하는 바와 같이, 육체가 무기력하다는 것은 보통 소극적·비활동적임을 의미하는 것이지만, 너무 소극적이다 보면 육체가 잠재의식에 즉각적으로 반응하기 어렵게 되어 양체(兩體)의 결합이 어긋나게 된다.

이러한 일이 생기면 유체는 육체로부터 떨어져 나온다. 만일 잠재의식이 몸을 움직이려고 하는데 그 사람이 한참 자고 있으면 유체는 평온대에서 멈추지 않고 이탈한다.

　유체가 평온대에 있을 때, 잠재의식이 몸을 움직이려고 (즉, 암시가 별안간 나타나) 하는데도 육체의 무기력 정도가 적당하지 않으면, 유체는 육체로 환원되어 버려 양체가 결합되어 동작한다.

　그때 그 사람에게는 부분적으로 의식이 있을 수도 있고, 없을 수도 있다. 또 욕구를 만족시킬 수도 습관을 실현할 수도 있다. 이것이 육체적 몽유병인데, 이 때 그 사람이 육체적 몽유병에서 처럼 의식이 생겨날 수도 있다.

　여기에서 유일한 차이는, 이탈의 경우 육체가 무기력하여 뒤에 남아 있는 반면, 몽유병에서는 육체가 무기력하지 않기 때문에 동작을 같이 하는 것이다. 몽유병에 대한 연구는 유체이탈의 근본을 이해하는데 있어서 우리에게 도움을 줄 것이다.

　왜냐하면 그 유사성(類似性), 즉 동작하는 것이 육체냐, 아니면 유체만이냐 하는 것을 결정짓는 유일한 요인이 '무기력'인데 우리는 그것을 몽유병에서도 관찰할 수가 있기 때문이다.

　여기에서 육체적 몽유병의 원인 및 지속(持續)과, 유체이탈의 원인 및 지속 사이의 유사성에 대하여 고찰해 보자.

　이미 지적한 바와 같이, 두 가지 경우에 있어서 원인은 똑같이 잠재의식에 암시가 되는 어떤 인상(印象)이 잠재심의 표면에 나타남을 알 수 있다. 이 인상의 성질은 습관이나 욕구나 꿈이 된다.

　일단 유체가 이탈되거나 혹은 사람이 잠을 자면서 육체적으로 걸을 때 그 심적 상태는 똑같은 것이다.

제10장 적당한 무기력과 스트레스의 필요성   151

　육체적 몽유병 환자는 자기 심중(心中)에 있는 꿈을 실연(實演) 할 수가 있는데, 유체적 몽유병자도 마찬가지다.
　만일 몽유병자가 어떤 사람을 우연히 만나면, 그를 거들떠 보지도 않거나 그 만난 사람이(몽유병자에게 부분 의식이 있으면) 그 꿈의 일부가 된다. 유체 상태에서도 유사한 조건 하에서 행동하므로 이탈자가 다른 사람들을 만나면(현세에서나 영계에서) 마찬가지로 (만난) 그들은 곧 꿈속의 인물이 된다.
　어떤 작가의 말에 의하면, 자기가 아는 어떤 사람 중 한 남자가 자기 상점의 문을 잠그었는지 어쨌는지 궁금해 하면서 잠자리에 들었는데 나중에 보니 경찰이 그를 그의 상점 근처에서 저지시켰다고 한다. 결국 그 남자는 몽유상태에서 걸어가고 있었던 것이다.
　우리는 이러한 인상이 어떻게 잠재심의 표면에 있다가 그 사람이 잠자는 동안에 잠재의식을 작동케 했는지를 알 수가 있다. 그가 만일 육체적으로 무기력했더라면(육체보다도 오히려) 유체만이 상점으로 가는 길을 걸어갔었을 것이다.
　'이것은 그 인상이 욕구나 습관이나 꿈이라든가에 기인된 예'가 아니라고 여러분은 말할지 모른다. 그러나 이것도 원인은 마찬가지이다. 꿈꾸는 사람의 마음으로 볼 때, 상점 문을 잠그는 습관이 깨뜨려졌음이 분명하다.
　거기에는 상점문이 잠겨졌는가, 안잠겨졌는가를 알아보아 안잠겨 있다면 잠그고 싶은 욕구도 또한 있었을 것이다.
　그러므로 여러분은 모든 몽유병과 모든 유체이탈이 다 같이 근본 요인, 즉 적당한 타입의 욕구, 습관 또는 꿈에 의해 일어난다는 것을 분석으로 알 수 있을 것이다.
　그리고 강력한 습관은 유체를 이탈시키거나 몽유병자를

걸어가게 할 수 있다. 어떤 꿈의 암시는, 비록 몽유병자가 습관되어진 일을 못할지라도, 역시 유체를 이탈시키거나 몽유할 수 있게 한다.

이것 역시 일반적으로 흔히 일어나는 일이다. 피험자는 그 당장의 마음 속에서 받은 가장 강력한 암시에 의하여 언제나 지배된다.

이러한 예로서, 어떤 사람이 굶고 잠자리에 들었는데, 음식물에의 욕구가 잠재심의 표면에 나타나거나, 거기에 남아 있었다고 가상해 보라. 만일에 욕구가 몹시 강하다면 잠재의식에 '음식'이라는 암시가 주어질 것이다.

만일 그 사람이 육체적으로 무기력 하지 않다면(그리고 의식이 깨어 있지 않다면) 그는 몽유하기 시작할 것이다.

만일 그가 육체적으로 무기력하다면 '음식'이라는 우세한 암시 하에서 유체는 이탈할 것이다. 만일 아무런 꿈 암시도 생겨나지 않거나(흔히 그렇듯이) 먹는 것을 암시하는 꿈이 생겨나지 않더라도 피험자에게는 우세한 인상이 계속 남아 있어서 찬장이나 식당이나 빵집 같은 곳으로 가게 된다.

만일 이 욕구를 충족시키려는 도중, 그가 부분의식 상태에서(즉, 꿈속에서) 자기 마음에 다른 어떤 인상을 가져다 주는 어떠한 것을 만나게 되면, 그는 음식에의 욕구를 잊고 다른 짓을 하기 시작한다.

그가 '음식'의 암시 하에서 유체이탈이 되었거나 육체적으로 몽유중에 있고, 그 관련 인상이 빵집에 관한 것이어서 지금 그가 빵집으로 가고 있다고 가상해 보라. 그런데 가는 도중, 자기가 거래를 하여 돈을 저축해 놓은 은행을 지나게 되었는데 거기는 자기가 자주 드나들며 돈을 저금하던 습관이 있던 곳이었다고 한다면, 이 암시가 먼저의 암시보다 우세할 경우, 그는 빵집으로 가기를 계속하지 않고 은행으로 들어갈려고 하게 된다.

이때, 그가 유체상태에 있다면 은행문을 곧장 통과하여 수납 창구로 가서 저금을 하고 보통 은행에서 나올 때 다니던 그 길을 따라 다시 걸어 나올 것이다.

만일 그가 육체적 몽유상태에 있다면 은행 입구 문으로 가되 그것이 닫혀 있는 꿈을 꾸어, 되돌아와 집에서 다시 출발하게 될 것이다.

우리에게 현재 의식이 있을 때 암시가 우리의 동작을 유도하는 것처럼, 그는 그의 동작을 유도하는(마음에서 이끌어 낸) 암시를 따르게 된다.

웰쉬는 이렇게 말한 바 있다.

"어떤 사람에 있어서는 몽유병 발작이 약간 다른 수가 있다. 모든 언사·동작 또는 행동이 마치 무대상에서의 연기처럼 행해진다. 만일에 발작이 갑자기 중단되었다면, 그 꿈속의 연극은 다음 번 발작시, 그 중단됐던 지점에서 시작하게 된다. 이것은 챠코트가 당했던 예에서 볼 수 있다. 그의 환자는 신문기자였는데, 몽유병이 발작되면 자기는 소설가라는 것이었다. 두 서너 페이지를 썼을 때 그것을 빼앗아버리면 발작이 멎었다. 그 다음에 발작이 되면 그는 자기가 그만 두었던 그곳에서부터 쓰기 시작하곤 했다."

우리는 또 한번 적극적인 요인으로서 (쓰려는) 욕구와 습관을 보았다. 이렇게 육체적 몽유병과 유체이탈이 본질적으로 동일한 근거에 의한다는 것을 알수 있다. 그 차이라는 것은 단지 행위 실연(實演)중 육체가 유체에 단단히 결합되어 있느냐 없느냐일 뿐이다.

갈증으로 인한 유체이탈

배고픔이 우월한 암시 하에서 피험자가 육체적으로 몽유하거나 아니면 유체이탈을 하여 찬장이나 식당이나 빵집으로 가는 것과 똑같이 같은 타입의 사람이 '갈증'의 암시 하에 있다면 수도물이나 우물이나 기타 그의 욕구를 채울 수 있는 어떤 곳으로 가게 된다.

나는 의도적으로 실험을 해 본 일이 있다. 욕구 스트레스를 강하게 하기 위해 시험 전에 물마시는 것을 억제하고 욕구를 증대시키기 위하여 물그릇을 한참 응시한 후, 입에다 갖다 댔다가 그것을 마시지 않고 놓아 두었다. 곧 잠자리에 들기 전에 몇 순갈의 소금을 억지로 퍼 먹었다.

내가 이런 방법으로 해서 처음으로 유체이탈을 한 것은 꿈의 이탈이었다. 나는 먼지나는 신작로를 걸어가고 있었다.

어느 더위에 지친 날이었다. 목은 타는데 물을 마실 곳을 찾을 수 없었다. 나는 샤쓰를 벗어서 거기에 묻은 땀으로 입을 축이려고 애썼다.

갈증은 더욱 심해져 왔다. 점점 지쳐서 찾아간 곳은 어느 농가였다. 거기에 물방아가 있지 않은가!

나는 그 물방아 아래의 물탱크로 재빨리 갔다. 그러나 탱크에는 물이 말라 있었다. 나는 머리 위의 물방아 바퀴를 지켜보고서 그것이 돌고 있지 않음을 알았다. 바퀴가 돌아가면 물이 펌프질되어 나온다는 것을 깨닫고, 물방아에 올라가 그 꼭대기 발판에 서서 손으로 바퀴를 돌렸다. 그랬더니 물이 탱크 안으로 조금 나오기에 내려와서 그 물을 마셨다.

나는 물방아의 사다리로 올라가기 시작했다. 그 꼭대기에 막 올라가자, 바퀴가 막 돌아가기 시작했다. 그리하여 옷이

제10장 적당한 무기력과 스트레스의 필요성   155

바퀴에 물리는 바람에 나는 공중으로 내던져졌다.
 나는 꿈을 꾸면서도 공중으로 내던져진 것이 기뻤다. 나는 나의 집 근처에 있는 강으로 쏜살같이 가서 그곳에서 아마 물을 먹게 되는가 보다 하는 생각이 들었기 때문이다.
 나의 의식이 분명히 깨어난 것은 바로 그 순간이었다. 나는 강 둑에 유체가 이탈되어 있음을 발견했다. 그곳은 내가 낚시질할 때 자주 앉아 있던 곳이었다(나의 집에서 약 160야드가 못되었다).
 여러분은 나의 이 경험에서 이탈에 영향을 주는 여러 가지 요소를 알아 차렸을 것이다. 물을 마시고 싶은 욕구, 방아 위로 올라 가는 꿈, 공중으로 내던져진 꿈, 자주 낚시하던 곳이었던 강 둑에서 의식이 깨어난 것 등.

갈증으로 인한 육체적 몽유

 다음 사건은 나와 관련되는 것인데, 갈증의 스트레스가 어떻게 유체를 이탈시키는가는 물론, 육체적 몽유를 일으키게 하는가를 보여 주는 것이다.
 중년의 한 남자가 전에는 물을 많이 마시는 버릇이 없었는데 점점 물에 강한 욕구를 나타냈다. 낮에 엄청난 물을 마시곤 하다가 드디어는 잠자다 일어나서도 많은 물을 마시기 시작했다.
 그는 침대에서 일어나 몽유 상태에서 신을 신고 아랫층으로 내려가 모자를 쓰고 우물가로 물통을 가지고 가서 물을 채워가지고 다시금 집으로 돌아와 물을 마시곤 하는 것이었다. 이런 일이 매일밤 규칙적으로 일어났다.
 그 환자를 보러 왔던 의사는 이를 어떤 '신경증 질환'이라고 말했으나, 그가 준 신경 강장제는 자면서 걷는 것을 고치지 못했다. 결국 다른 의사를 불러오게 되었는데, 그 의사는 며칠 밤을 환자를 관찰해 본 후 자세한 것을 알아차리게 되었다.

그는, 이것은 갈증의 욕구가 그 사람으로 하여금 몽유하게 하는 원인이 되었다고 결론을 내리고 그 사람을 자세히 관찰한 후 그가 심한 위염(胃炎)을 앓고 있기 때문에 언제나 대단한 갈증을 동반한다는 것을 알아내었다. 그리하여 위염을 치료하니 그의 심한 물에의 욕구가 사라지고 야행(夜行)활동 또한 없어졌다.

×   ×   ×

만일 어떤 사람이 강력한 범죄 욕구를 가지고 있는데, 그것이 강제적으로 억압 당하면, 수면중에 갑자기 나타나 육체적으로 몽유하지 않으면, 유체이탈로 그 욕구를 채우려 하게 된다.

웰쉬는 이렇게 말하고 있다.

"대체로 몽유병자의 행위는 순진하며, 과거 체험한 바와 일치합니다. 나는 어딘가에서, 낮에는 아주 정직한 성직자(聖職者)가 밤에는 도둑질을 하는 책을 읽은 일이 있습니다. 또 스티븐슨의 《지킬박사와 하이드씨》라는 선악의 대조적인 이중 성격의 이야기도 읽은 적이 있습니다. 필자는 이들의 예가 낮에는 억제하고 있었던 인간의 강한 충동때문에 오는 것이라고 봅니다."

웰쉬 박사의 이 말은 옳다. 그것은 수면중 갑자기 나타나는 암시때문에 유체이탈이 되느냐, 아니면 육체가 유체에 단단히 결합되느냐 하는 것은 단지 한가지 요인인 '무기력'에 달려 있는 것이다.

'무기력'이 중요한 요인임을 발견한 동기

내가 일찌기 유체이탈을 가져 오는 원인을 탐구하던 중에 내가 발견하게 된 또 하나의 예를 들어보기로 한다. 그러면 여러분은 '무기력'의 중요성을 알게 될 것이다.

나는 호기심에서 몇 번인가 의식이탈을 해본 후, 생각하기를 그러한 현상을 일으키는 이면에는 어떤 원인이 있을 것이라 보고 그 원인을 알아보았으나 곧 찾아낼 수 없어 스스로 고민했었다.

나는 저명한 유심론자(唯心論者)인 몇 분에게 편지를 보냈으나 유체이탈의 특수 원인을 알고 있는 사람은 아무도 없었으며 다만, '그것은 천부의 재능이다', '인도사람들은 특히 그러한 능력이 있다'는 등만 알려 왔을 뿐이었다. 그래서 나는 밤에 잠자리에 들어간 뒤, 어떻게 그 원인을 알아 낼 수 없을까 하고 여러가지 궁리를 강구해 보았다.

그러던 어느 날 저녁, 나는 침대에 누워 평온한 기분으로 나의 신체의 각 부위에 정신을 집중시키고 있었다. 나의 마음이 심장에 이르렀을 때, 나는 그것이 평상시에 뛰고 있던 속도로 놀고 있지 않음을 알아차렸다.

그래서 나는 그 다음날 의사한테 가서 심장을 진찰해 보았다. 그랬더니 심장이 매분 45번 밖에 뛰지 않았다. 그러나 불규칙하지는 않았다. 의사는 스트리키닌(심장 흥분제)을 주면서 이것을 먹으면 나을 것이라고 말하는 것이었다. 그리고 덧붙이기를 자기가 실제로 비슷한 환자 아무개(이름을 댔다)를 치료한 일이 있는데 그는 맥박이 40번이었다는 것이다.

그런데 이 일이 있기 전 1년 동안, 나는 어떤 형태의 이탈을 경험함이 없이 한 주일을 보내는 일이란 거의 없었다. 그래서 나는 매일밤, 막 잠드는 상태에서 내가 이탈을 하게 되었으므로 유체가 육체로부터 나와 올가가는 것을 볼 수 있었다.

그런데 약을 먹으니 그것이 완화되었다. 내가 전에 기술한 바와 같이, '내려 앉거나, 미끄러지거나, 치솟거나, 떨어지는 느낌 또는 점프'──신체의 반동(反動)──등으로 고통을 받는 사람들은 의사가 약을 주어 심장의 기능을 조절하면 완화되는 것이다.

심장 흥분제가 그 상태를 완화시키는 이유는 바로 여기에 있다. 즉, 심장은 육체를 활발하게 하는 원동력이다.

만일, 심장의 박동이 느리면 신체는(휴식시) 심장이 정상적이거나 빠를 때보다 한층 소극적이 된다. 그리하여 수면 중에 유체는 항상 평온대로 물러난다.

육체가 평상시와 같이 활발하면 유체는 육체가 소극적이 될 때까지 물러날 수 없다. 유체가 육체로부터 나오기 전에 보통 무의식이 개재(介在)되어 신체가 소극적이 되어야 유체가 육체로부터 빠져나가게 된다.

그런데 심장기능이 정상보다 약하면 육체는 의식이 없어지기 직전에 유체가 빠져나갈 만큼 아주 소극적이 된다. 그래서 피험자는 유체의 동작을 볼 수가 있다. 피험자에게 심장 흥분제를 주어 보라.

그러면 육체는 유체를 들어낼 만큼 소극적이 되지 못해 한참 후에 무의식이 개재된 다음 비로서 이탈된다. 뿐만아니라 더 나아가서 흥분제는 유체가 육체로부터 멀리 떠나지 못하도록 만든다.

전에도 무기력에 대하여 언급했듯이, 콘덴서의 에너지가 소모되면 많은 에너지를 가지고 있을 때보다 훨씬 빨리 유체이탈이 가능하다.

신경 에너지가 부족한 신경질적인 사람의 증세가 심장의 고동이 정상보다 낮은 사람의 증세와 비슷한 것을 경험하는 것은 이 때문이다.

심장의 고동이 정상보다 낮은 사람은 무기력과 똑같은 효과를 갖는다. 즉, 유체이탈이 된 후에 피험자는 의식을 잃는 것이다.

만일, 신경 에너지가 부족하면서 심장의 고동도 정상시보다 아주 낮다면 어떠한 일이 일어날까? 바로 그러한 상태를 나는 경험했던 것이다.

내가 의사로부터 얻은 심장 흥분제를 먹기 전까지 거의 매주 여러 가지 형태의 이탈을 경험했었다는 사실은 이미 설명한 바와 같다. 그런데 내가 심장 흥분제를 먹기 시작하자마자 모든 현상은 조금도(초기 단계에서 조차도) 일어나지 않았다.

나도 두 달 동안 이 약을 먹으면서 철저히 실험해 본 다음에, 육체의 '소극성'이 유체이탈 현상을 가져 오는 필수 요건이라는 확신을 갖게 되었다.

나는 약 먹는 것을 중지해 보았다. 며칠 지난 후, 나의 맥박수가 떨어지고 얼마 지나지 않아 전에 하던 이탈 경험을 다시 하게 되었다.

그후, 나는 다른 또 하나를 발견하게 됐는데, 나의 맥박수를 마음에 의해 조절할 수 있게 된 것이다. 잠자리에 들어 긴장을 푼 후 심장에 정신을 집중함으로써, 2주일이 채 못되어 마음대로 맥박수를 올라가게도 또는 내려가게도 할 수 있었다.

그리하여 얼마 안 되어서는 흥분제를 먹지 않고도 심장의 맥박을 정상적으로 유지하는데 성공했다. 또 맥박수를 줄여 마음대로 육체를 완전히 무기력하게도 할 수 있었다.

몇 가지 사소한 적극적 요인

유체이탈의 두 가지 큰 요인, 즉 '암시에 의한 적당한 스트레스' 및 '육체의 무기력'을 이해하는 동안 나는 그 두 가지 큰 요인 외에도 사소한 몇가지 다른 요인이 있다는 것을 알게 되었다.

이 실험에는 적당한 온도가 매우 중요하다는 것이다. 만일 온도가 너무 차면 정신적으로 불안정을 갖게 되며, 너무 더워도 또한 편안하지 못해 소극성과 휴식을 방해한다.

나아가서 체온의 따스함은 심장의 혈액 순환을 한층 자유롭게 하여 '무기력'을 방해한다. 가장 이상적인 온도는 '시원하되 편안한' 온도인 것이다.

또, 자극성 음식(술·약 등)은 '무기력'을 가져오는데 오히려 역행한다.

감정은 평온해야 하지만 일반적으로 생각하듯이 마음이 평온하면 안된다.

사람은 마음이 크게 괴로울 때, 잠자리에 들려고 하는데, 고통스런 상황이 '스트레스'를 가져오기 때문이다.

물론 최면시에는 '암시'가 피술자 자신으로부터가 아니라 시술자로부터 오기 때문에 마음이 평온해야 함은 불가피하다.

자기(自己) 이탈에서는 암시가 피험자 자신의 마음으로부터 나온다. 최면에 의해 유도된 이탈에서는 암시가 시술자의 마음에서 온다. 그러므로 실제 마음이 평온하다면 수면중 암시가 나타나지 않을 것이며, 따라서 유체이탈은 일어나지 않을 것이다. 이탈의 주요 요인은 '심적(心的) 스트레스'이기 때문이다.

사람이 잠자리에 들기 전, 마음이 대단히 불안하면 거기 있던 '스트레스'가 잠재 의식의 표면에 계속 머물러 있게 된다. 자기 상점 문을 잠그지 않고 왔다는 생각때문에 걱정을 하면서 잠자리에 들었던 사람의 경우를 생각해 보면 알 수 있다. 잠자리에 들었지만, 표면에 남아 있는 이 스트레스가 잠재의식을 지배하여 그는 잠을 자다가 일어나 문을 잠그기 위해 상점에 갔던 것이다.

유체이탈을 하기 위해 마음이 평온해야 된다는 생각을 가지고 있다면, 그런 생각은 고쳐야 할 것이다. 소극적인 마음이어야 유체이탈을 일으킨다는 것이 확실하기 때문이다.

전에도 말한 바도 있거니와, 소음(騷音)은 유체이탈을 방해하며 유체가 이탈했다가도 시끄러우면 돌아와 버린다.

나는 시계의 종소리라든가, 난로 뚜껑소리 등이 유체를 놀라게 하여 이탈을 방해한 예를 많이 보았다. 그러므로 소리만을 생각할 때, 시골의 환경이 도회 환경보다는 이탈 실험에 보다 적합하다고 할 수 있다.

무거운 이불을 덮으면 무엇인가 꿈을 꾸기 쉬운데, 신선한 공기에의 욕구가 잠재 의지로 하여금 몸을 문 밖으로 내보내려고 하게 될 때, 신체가 무기력해지면 유체이탈을 가져오는 수가 있다. 또, 반듯하게 등을 대고 누우면 유체이탈이 보다 빨리 일어난다.

반대 요인이 되는 '불빛'

 전술한 바와 같이, 시끄러운 소음이 유체이탈에 반응을 일으켜 방해된다는 것은 확실하다.
 그런데 '빛'에 유체와 육체를 보다 단단히 결합시키는 경향이 있긴 하지만 그렇다고 그것이 이탈을 전혀 불가능하게 하는 것은 아니다.
 아주 숙달된 사람은 그런 곳에서도 이탈에 성공하는 예가 있다. 그러나 유체는 아주 캄캄한 곳에서 훨씬 더 잘 육체로부터 이탈한다.
 이러한 사실을 알고 있으면 여러분은 아주 어두운 곳에서 이탈을 시도하는 것이 효과적이라는 생각이 들 것이다.
 그래서 신비주의자들이 이를 권고하는 경우가 많은데, 나로서는 그렇게까지 권장할 의사가 없다. 초보자나 신경성 기질인 사람들에게는 희미한 불빛 아래서 실험하는 것이 오히려 나을 수도 있기 때문이다.

지나친 불빛에 의한 내형화(內型化)

 '불빛'이라는 것 때문에 내가 흥미있는 경험을 했던 예를 여기 들어 보겠다. 내가 평소 자고 있던 방에 가로등 불빛이 직접 비추는 창문이 있었다. 침대에 누우면 창문을 통해 불빛이 보였으며, 다시 그 불빛이 침대에까지 스며들었다. 때로 그 전등은 어느 때보다도 늦게까지 켜놓는 때가 있었다.
 어느날 저녁 나는 불이 켜지지 않았을 때, 잠자리에 들어 의식적인 이탈에 성공했다. 내가 육체를 이탈하여 약 70cm 거리에까지 올라갔을 바로 그때, 전등에 불이 확 켜지면서 방안이 환해졌다. 그러자 유체가 '쌩'하는 반향(反響)과 더불어 육체로 들어와 버렸다.

이 소리는 내가 그때까지 들어왔던 '쌩'소리로는 가장 자극적인 것으로, 소음을 들었을 때와 같이 마치 나의 뇌가 머리 속에서 떨리는 것 같이 느껴졌다.

독자 여러분은 하와이식 기타의 쇠줄에서 나는 소리를 들어 본 일이 있을 것이다. 이것이 바로 그와 같은 소리였는데, 그것이 유체를 내형화(內型化)하는 것이었다. 이것으로 여러분은 너무 환한 불빛이 결정적인 영향을 준다는 것을 알 수 있을 것이다.

텔레파시적 반향(反響)

내가 우연히 체험하게 된 후, 나중에 다른 두 사람에게 의도적으로 실험함으로써 유사한 결과를 얻은 실례가 있다.

어느 나른한 오후, 당시 열 두살이었던 나의 동생이 침대에 누워 낮잠을 자려는 참이었다. 나도 그의 흉내를 내서 그의 옆에 누웠다.

우리 둘 사이의 간격은 약 30cm였는데, 우리 두사람은 잠이 와 졸고 있었다. 내 마음에는 옆에 누가 누워 있다는 생각은 커녕 아무런 긴장도 없었다. 단지, 나의 유체가 어떻게 하여 종종 반향을 일으키는가 하는 생각을 하게 되었다. 그런데 그런 생각이 막 떠오르자 마자 나의 동생이 격렬한 반향을 일으키는 것이었다.

그러나 이 일이 단지 한 번 일어났다면 우리는 그것을 우연으로 돌리고 말았을 것이다. 그러나 그것이 반복적으로 나타났기 때문에 다른 사람들의 유체이탈에도 영향을 줄 수 있는 것을 믿게 되었다. 그래서 나는 이 현상이 단순한 우연인가 아닌가를 알아보기 위하여 다시금 똑같은 준비를 하고 실험한 결과 같은 결론을 얻게 되었다.

그래서 나는 정신력을 이용해 여러 가지 실험을 해 보았다. 나는 동생 옆에 눕고, 그가 막 잠들어서 이탈하고 있는 동안, 내 마음속에 강력히 암시를 준 후, 의지의 영향에 의해 유체가 육체로 되돌아 가도록 해보곤 했다. 그러나 그것은 되지 않았다.

그후 이와 똑같은 실험을 다른 두 친구에게도 해 보았으나 결과는 마찬가지였다. 그리하여 얻은 결론은 고의적이고 긴장된 상념(想念)은 명확한 영향을 주지 않는 반면에 분리나 방향에 대하여 우연적이거나 조용한 상념에는 반향을 가져온다는 것이었다.

보조자의 심중에 긴장이 없어야 하며, 보조자가 상념(想念)을 억지로 보내려고 노력해도 안된다. 보조자는 단지 상념과 평온대에 있는 피술자의 유체상(像)만을 생각해도 그 이미지(상 : 像)가 변하여 반향을 일으킨다.

그러므로 내가 충고하는 것은, 일단 여러분이 이탈법을 정확히 알게 되었다면 누구의 도움도 받지 말고 유체이탈을 해 보라는 것이다.

이렇게 함으로써 여러분은 타인의 마음으로부터 전해지는 의식적 또는 무의식적 상념에 의해 영향을 받지 않고서 자기 조절이나 자기 숙달에 익숙해질 것이다.

나는 나의 옆에 누가 있으면 이탈하기 어렵다는 것을 평소에 늘 경험했다.

제 II 장
맥동의 조절과 자의식의 증진

1. 맥동과 무기력의 조절

무기력(無氣力)을 일으키는 방법

자연 수면중에 육체가 어느 정도는 무기력해진다는 것을 우리는 쉽게 알 수 있다. 그러나 이 무기력을 보다 뚜렷하게 하기 위하여는 심장의 맥박이 저하되어야 한다.

여러분은 그렇게 되기 위해 밤에(또는 언제든) 잠자리에 들자마자 우선 편안히 수평 자세를 취한 뒤, 등을 바닥에 대고 눕는 것이 보다 좋다. 만일 등을 대고 누울 수가 없다면 바른 쪽 옆으로 눕는 것이 좋다. 등을 대고 수평 자세로 누웠다면 두 손은 양 옆에 놓는다.

우선 심호흡을 하고 1초쯤 머물다가 그곳의 횡격막(橫膈膜)이 팽창되도록 숨을 위장 속으로 보낸다. 그러다가 모든 공기를 폐로부터 전부 토해낸다. 이러기를 6~8번 정도 반복한다. 이것은 복강신경총을 이완시키기 위한 목적때문이다.

다음은 두 눈을 감고 자기 마음 속에 자신을 그린다. 머리 꼭대기로부터 시작하여, 머리 피부의 근육을 당겼다가 편다.

다음에는 턱을 생각하고 그것을 몇 번 당겼다가 편다. 다음에는 목을 생각하고 그를 몇번 당겼다가 편다. 다음은 윗쪽 양팔, 그 다음은 아래쪽 팔, 다음은 주먹을 그렇게 한다.

제11장 맥동의 조절과 자의식의 증진   167

 다음은 목아래 쪽으로 내려가면서 발끝까지 편다. 마치 고양이가 성을 낼 때 발을 오그렸다가 펴듯이 하는 것이다.
 그러고 나서는 심장에다 정신을 집중시키되 마음을 긴장시키지 말고 느긋하게 된 심장을 생각한다. 그러면 이윽고 가슴의 그 부위에서 심장의 맥동을 느끼게 될 것이다.
 그 맥박에 정신을 쏟고 있으면 고동이 아주 또렷해져서 당신은 그것을 분명히 느낄 수 있을 뿐더러, 그 소리를 들을 수도 있을 것이다.
 가만히 누워서 당신의 가슴에서 뛰는 심장의 맥동을 감지하여 들을 수 있는 능력이 생기고(한 두번의 실험으로 틀림없이 가능하다), 그 다음 단계로 당신 신체의 어느 곳이든 특정한 곳에 정신을 집중시키면 그곳의 맥동을 감지하여 들을 수 있게 될 것이다.
 마음을 이완시킨 다음, 내가 말한대로 하면 누구나 자기의 맥동을 감지하여 들을 수 있다.
 신경을 집중시켜 맥동을 들어 보라. 그러면 맥동이 두근거릴 것이다. 다음에 정신을 목에다 집중해 본다. 그러면 심장의 맥박이 두근두근 뛸 뿐만 아니라, 목에서도 뛰고 있음을 감지하게 될 것이다.
 목에서 맥동을 감지할 수 있게 되면 이제는 정신을 뺨으로 옮겨본다. 그러면 곧 거기에서도 같은 것을 느낄 수가 있을 것이다. 뺨에서 분명히 맥동을 느꼈으면 곧 상념(想念)을 머리 꼭지로 옮긴다. 거기서도 역시 맥동을 느끼게 될 것임에 틀림없다.
 머리 가죽에서 맥동을 느낄 수 있게 되면 자신의 상념을 다시 반대쪽 각 부분, 즉 뺨·목·가슴으로 옮겨 차차 그 아랫쪽으로 내려간다. 그러면 위장에서도 그것을 느낄 수 있을 것이다. 이때는 맥동을 명확하게 느낄 때까지 정신집중을 딴 곳으로 옮기지 말아야 한다.

맥동이 확실해지면 그곳에서 좀 내려와 정신을 아랫배에 집중한다. 그곳에서도 목에서와 같이 맥동을 감지하기가 쉬울 것이다.

역시 맥동이 분명해지면 다시 양쪽 넓적다리로 옮긴다. 그것이 되면, 다음에는 양 발로 옮긴다. 여기에 성공적으로 정신을 집중시키고 있으면 발바닥에서도 규칙적이고 분명한 맥동을 심장에서와 같이 들을 수가 있다.

다음에는 꺼꾸로 장딴지에 옮겨가 거기에서 감지하고, 다음에는 다시 넓적다리로 가서 맥동을 감지한다. 오른쪽 넓적다리에 정신을 집중할 때, 왼쪽은 생각지 말라. 그러면 그쪽만 맥이 뛰게 될 것이다.

혹, 여러분들 중에 발이 찬 사람이 있다면 이 방법에 의하여 혈액 순환을 증진할 수 있을 것이다.

만일에 연수(延髓)에다 정신을 집중시켜 맥동을 그곳에서도 느끼게 되었다면, 유체이탈시 맥동이 그곳에서(혼줄에 의하여) 어떻게 느껴지는가를 정확히 알게 될 것이다.

한 가지 주의할 것은, 심장병 환자는 유체이탈 실험을 하지 말라는 것이다. 왜냐하면, 심장은 이탈에서 주요 요인이고 이탈중에는 대단히 약하게 뛰기 때문이다. 그러나 심장이 튼튼하다면 조금도 겁낼 것이 없다.

신체의 어느 부위에서든 맥동을 느낄 수 있게 되면, 다음 단계는 맥동의 수를 줄이는 방법이다. 그것은 별로 어렵지 않다. 이탈에서 요구되는 것은 심장의 맥동이 천천히, 그리고 한결같아야 된다는 것이다.

당신의 심장에다 정신을 집중시키고 있을 때, 당신은 당신

제11장 맥동의 조절과 자의식의 증진

자신이 지성체(知性體)이듯이 심장도 하나의 지성체라고 가상하라. 그리하여 심장이 당신의 생각을 이해하고 복종한다고 생각하라. 그러면 심장은 실제 그 배후에 있는 지성, 즉 잠재적 지성에 의하여 조종되어진다. 그러므로 심장의 속도를 낮추거나 높이고 싶으면 심장이 지성에 의하여 다스려지는 것으로 가상하라. 즉, 심장이 점점 천천히 또는 빨리 뛴다고 생각하면서 심장에 정신을 집중시키면 심장은 그 암시를 따르게 되어 정말 심장이 천천히 또는 빨리 뛰게 되는 것이다.

심장이 당신의 암시에 따르는가 여부를 알아 보려고 정신 집중을 중단해서는 안된다. 그렇게 하지 않더라도 마음 속에서는 다 알 수 있는 것이다.

정신 집중만 계속하면 당신이 원하는대로의 맥박을 유지할 수 있다. 그것은 사람들이 보통 생각하는 것보다 그렇게 어렵지 않다.

우리가 실제적으로 '무기력'할 정도가 되기 위하여서는 심장이 어느 정도 서서히 뛰어야 되는가를 딱 잘라 말할 수는 없다.

내가 규칙적으로 유체이탈을 했을 때 심장의 맥박은 매분 42번이었다는 것은 여러분도 기억하리라고 생각한다. 이런 정도의 속도면 위험할 정도로 느린 것은 아니라고 생각된다. 그러나 그것이 놀라울 정도로 신체적 무저항성을 가져옴은 사실이다.

물론, 심장의 맥박은 보통 우리가 잠을 자지 않고 있을 때보다 잠을 자고 있을 때가 낮다. 그래서 나의 맥박은 내가 깨어 있을 때 매분 42번이었다면 자고 있을 때는 그보다 훨씬 더 낮았으리라 생각된다.

육체를 활발하게 하거나 마비(바꾸어 말하여 '무기력')를 가져오게 하는 것은 이 혈액의 순환이다.

정상적 맥박은 사람에 따라 다소 다름은 물론이다. 또 육체는 수면중 어느 정도까지 자연적으로 무기력해지므로, 맥박을 정상보다 10내지 15회로 줄인다는 것은 육체를 한층 더 무기력하게 만드는 것이 분명하다.

어느 누구보다도 자신의 무기력 상태는 자신이 만들 수 있다. 그러나 너무 지나치게 맥박을 줄이지는 말아야 한다.

만일 잠들기 전에 으시시함을 느끼거나 팔·다리에서 약간의 한기를 느낀다면, 수면중 심한 '무기력'을 가져올 증거이다.

그러나 불안할 정도로 싸늘하지 않도록 할 일이다. 시원하면서도 편안한 정도로 되게 하는 것이 좋다.

자의식(自意識)의 증진

훌륭한 이탈자가 되기 위해서는 자기 마음을 자기 자신에게 집중해야 한다. 자신을 연구하고, 자신을 잘 탐구하며, 자신을 알도록 노력해야 된다.

이 세상에서 당신과 꼭같은 사람은 오직 당신뿐이다. 즉, 당신은 유일하다. 그러므로 잠시 동안은 타인 연구를 멈추고 자기 자신을 연구하기 시작하라는 것이다.

신비한 어떠한 것을 찾기 위해서 9천 2백만 마일이나 떨어진 태양을 볼려고 할 필요는 없다. 태양보다도 당신이 더 신비로우니까.

이렇듯 당신 자신을 연구하기 시작해 보면 여러분들은 자기가 전에 자신에 대하여 너무나 몰랐다는 것에 놀랄 것이

다. 몇년 전, 나는 어떤 잡지에서 저명한 사람이 쓴 기사를 본 일이 있었는데, 그곳에서 그는 말하기를,

"자신의 허리뼈가 어떻게 생겼는지를 생각해 본 사람은 별로 없다. 즉, 그들은 자기 자신의 척추를 거울에 비추어 본 일이 없다는 것이다."

라고 했다. 바로 이러한 사람들이 자기는 자기 자신을 잘 알고 있다고 생각하는 것이다.

유체이탈에서 '자기 의식'은 대단히 중요하다. 그러므로 여러분은 당장 자기 연구를 시작해야 한다. 아주 성공적인 결과를 나에게 보여 준 예를 여기에 하나 들어보겠는데, 이것이 유체이탈에 말할 수 없을 만큼 큰 도움이 된다는 것을 알게 될 것이다.

거울 앞에다 의자를 하나 갖다 놓고 안락의자에 편안히 앉아 거울에 비추어진 자기를 마주 본다.

겨울은 생각지 말고 또한 거울에 비춰진 모습을 보고 있다고 생각지 말라. 거울 속에 있는 것이 정말 자기라고 믿으라. 실물 속에는 전혀 자기가 없다고 생각하라. 그리고 전에 당신이 자신에 대하여 알고 있지 못했던 것들을 찾으려 들면서 자신에 유의하여 조사하기 시작하라.

가령 자신의 진짜 머리 색깔을 알아보고, 자기의 진짜 눈 표정, 코의 생김새, 광대뼈, 턱수염, 이마의 주름살, 코 언저리의 콧잔등을 잘 뜯어 보라.

당신 자신을 쳐다보고, 뜯어보는데도 한참 바빠져야 할 것이다. 그러나 그러기를 계속해 보라.

자기 자신에 대한 정밀 검토가 끝났으면 이제 거울 앞에 일어서서 당신의 눈을 똑바로 쳐다 보라. 당신의 두 눈이 거울 속에 비친 두 눈에 집중되도록 하라.

눈이 깜빡거려지면 깜빡거려도 좋다. 그러나 두 눈을 거울 속의 두 눈에서 떼지 말라. 마음이 침착해지지는 않을 것이지만, 보고 있자면 옆으로 좀 흔들릴 것이다. 그것은 당연하다.

이제 다시 의자에 앉아 거울 속의 두 눈을 응시한 채 있으라. 이렇게 하면서 당신의 이름을 몇 번이고 되풀이 하여 명료하고도 단조롭게 불러 본다. 그러면 이것이 마음에 대단히 미묘한 영향을 줄 것이다.

잠시 있으면 당신의 두눈은 희미해지는 듯, 안개가 끼는 듯 해질 것이다. 그렇더라도 이제까지의 정신 집중을 깨트리지 말고 언제까지고 자신의 눈 속을 응시하고 있어야만 한다.

마음속으로 거울 속에 있는 것이 정말 당신이라고 생각해야 된다. 당신이 의자에 앉아 있다는 사실은 생각지 말 일이다.

본래의 당신은 거울 속에 있을 뿐이라고 믿으라. 당신이 당신 자신을 보고 있으되, 진짜의 당신은 거울속에 있다.(두 눈을 거울 속의 두 눈에 집중시킨 채) 이러한 마음으로 잠이 들려고 노력해보라.

이러한 자기 착란이 유체를 '어리둥절케' 한다. 왜냐하면, 그것이 잠재의식 속에서, 거울 속의 영상(映像)이 진짜 당신이라는 생각을 일으키게 하기 때문이다. 그리하여 잠이 들게 되면 그러한 암시가 잠재의지로 하여금 유체를 이탈시키기에 족할 만큼 강하게 된다.

잠재심에의 암시가 실제 얼마나 진실하느냐 않느냐에는 차이가 없다는 것을 명심해 두라.

당신이 거울 속에 있다는 믿음에 의하여 마음이 착란되면 그것이 잠재 의지에 새겨져 그러한 효과를 가져 오는 것이다. 의자에 앉아 잠잘 때나, 또는 피로할 때 한번 해보고 싶으면 시험해 보라.

이탈에의 노력

유체이탈에서 가장 크게 도움이 되는 것은 유체이탈 현상을 이해하는 것이다. 그러므로 그러한 현상에 대한 책을 읽고 생각해 보면서 의식적으로 실험해 보려고 노력하는 것이 무엇보다 중요하다.

가령 유체이탈에 관한 책을 읽다가 잠자리에 들었다면, 그것이 마음 속에 깊이 새겨져서 꿈을 꾸기에 이르게 되는 것이다.

유체이탈에의 소망이 강해 그것이 욕구가 되면 잠재의식에 압력이 가해져 드디어 이탈을 하게 된다. 또 나는 유체이탈의 꿈이 유체이탈을 가져오는 원인이 된다는 것을 알고 있다.

의지(意志)란?

여러분은 현재(顯在)의지란 무엇이냐고 물을 것이다. 나는 그것을 설명하기 위하여 C.프랭크린 리뷔트(C. Franklin Leavut)의 주장을 인용코자 한다.

"수 많은 책들이 '의지'에 대하여 어처구니 없는 해석을 하고 있습니다. 의지에 대하여 쓴 책들이 대부분 주제(主題)에서 빗나가고 있는데, 그것은 그들이 의지의 과정을 설명하지 못하기 때문입니다. 우리는 흔히 '하려(意志) 한다'하면 행동으로 들어가기 위하여 자기 자신이 무엇인가를 하려는 것을 의미한다고 생각합니다. 그러나 그것은 자신이 무엇인가를 하게끔 하는 것이 아니라, 정신적으로(이미) 행동하고 있음을 의미하는 것입니다. 만일 여러분의 마음속에 다른 어떤 생각이 들어가 있지 않다면 자신이 어떤 일을 하는데 곤란할 것입니다. 사람으로 하여금 행동을 하지 않을 수 없게끔 하는 바로 그 생각이 현재의식을 지배하는 것입니다. 단호하게 생각하십시오. 그 생각을 행동으로 옮길 계획을 세우십시오. 그리고 정신을 집중하십시오. 모든 반대되는 생각을 차단하면, 조만간 여러분은 그 생각했던 바에 따라서 행동하고 있음을 발견하게 될 것입니다."

나는 이미 '꿈의 조절'이 유체이탈의 가장 손쉬운 방법의 하나라는 것을 말한 바 있다. 이제 여기서는 '이탈에의 노력'이 꿈을 조절하는 가장 쉬운 방법의 하나임을 말하려고 한다.

나는 유체이탈에의 욕구가 이만저만이 아니었다. 수년 동안 나는 '이탈'이라는 생각에 얽매어 있었다. 사실 나는 유체이탈 외에는 아무 것도 생각할 수 없었다. 매일밤 유체이탈의 꿈을 꾸었으며, 이들 이탈의 꿈을 꾸다가 의식이 들곤 했던 것도 여러 번이었다.

이탈의 꿈 중, 내가 경험한 전형적인 꿈은 다음 두 가지였다.

첫째는, 이탈중 유체가 다니는 통로 위에서 내가 유체상태가 되는 꿈이요, 둘째는 유체와는 떨어져 서서, 유체가 통로 위를 가고 있는 것을 쳐다보고 있다가 내가 그 유체 속으로 들어가곤 하는 꿈이었다.

만일 여러분이 지난 일을 되새겨 본다면 내 말에서 어느 정도 자신의 기억을 찾아볼 수 있을 것이다. 즉, 유사(幽絲: 혼줄)로 연결된 시각회로(視覺回路) 때문에 사람은 때로 육체의 눈으로 유체를 볼 수 있다고 했던 그 말이다.

그러면, 사람에게 의식이 있을 때는 이렇게 볼 수 있는데, 어찌하여 부분 의식이 있을 때는 보지 못하며, 또 자기가 한 쪽에 서서 유체가 움직이는 것을 보는 꿈을 어떻게 꿀 수 있는가? 나로서는 다음이 그러한 이탈의 꿈(유체가 이탈한 것을 우리가 보는 꿈)을 그럴듯하게 설명하는 것이라고 생각한다.

틀에 박힌 일의 스트레스 주입법

수면중 자기에게서 암시를 줄 적당한 스트레스를 잠재의식에다 만들어 놓는 가장 직접적이며 가장 현명한 방법은 내가 이미 지적한 바 있는 그 방법, 즉 '이탈에의 노력'이다.

따라서 수면중 나타날 틀에 박힌 일의 스트레스를 잠재심에 넣고 싶다면 우리는 우리의 모든 의지력(意志力)을 일상의 일 쪽으로 돌리지 않으면 아니된다.

어떠한 상황 아래서도 그것은 흔들림이 없이 하루의 일과로서 길들여져야 한다.

정시에 잠자리에 들고 정시에 일어나며, 정시에 식사를 하도록 하므로서 이 일상적인 습관이 우리 생활의 일부가 되도록 한다. 그러면 우리의 마음 속에서 다른 모든 인상은 뒤로 밀려나, 일상적인 일이 거의 자동적으로 행하여지게 된다.

그런데, 잠재 의지는 암시의 힘에 의해 행동한다.

우리는 다음 두 가지 이유 중, 하나가 아니면 혹은 어떤 경우에 그 두 가지 이유로서 버릇을 갖게 된다고 본다. 그 이유란, (1) 우리가 의무를 실행할 욕구가 있기 때문이라는 것과, (2) 필요성이 우리로 하여금 의무를 실행토록 강요하기 때문이라는 것이다.

이 주장을 진실로 받아들인다면, 마음 속에 있는 틀에 박힌 일의 스트레스가 잠재 의지에 인상을 주게 될 것이다. 따라서 여러분이 틀에 박힌 일을 하고자 한다면, 필요성에 의해 실행토록 강요되어지는 것보다 더 쉽사리 잠재 의지는 신체를 움직일 수 있을 것이다.

그것은 욕구가 가(加)해진 습관은 습관만으로 보다 더 잠재 의지를 완전히 지배한다는 것을 의미한다. 그러므로 이탈에 성공코자 한다면, 유체이탈 연구에 대한 강력한 습관을 길러 마음이 유체이탈에 의하여 지배될 만큼 강력히 유체이탈 능력을 욕구해야 할 일이다.

육체의 완전 '무기력'을 유도하고 자면서 '일어나' 다니는 것, 또한 유체가 다니는 통로 등을 끊임없이 마음에 그려야 한다. 이것이 이탈을 위해 스트레스를 주입하는 방법이다.

제12장
의식적 이탈과 무의식적 이탈

1. 의식적 이탈과 무의식적 이탈

의식적 이탈은 어려운 일이다

유체이탈자가 처음부터 끝날 때까지 완전히 의식이 있는 이탈을 한다는 것은 여간해서 드문 일이다.

나는 이 사실을 나 자신의 경험에서 뿐만 아니라, 다른 사람들의 경험을 책에서 보아 알고 있다. 대부분의 이탈 기록을 보면, 피험자가 자기 육체 외에 새로운 육체가 또 하나 있음을 발견함으로써 시작된다. 즉, 피험자는 자기가 이미 자기 육체로부터 상당한 거리로 이탈되어야, 즉 혼줄의 활동 범위를 벗어나야 의식이 오는 것이다.

이탈자 중에는 자기들이 어떻게 그곳에 이르렀는가 하는 것을 안다고 주장하는 사람이 있는가 하면, 자기들은 그 이유를 모르겠다고 솔직히 시인하는 사람도 있다.

나에게 의문되는 점이 한 가지 있는데, 그것은 어떻게 하여 이탈이 되는가를 알고 있는 이탈자가 정말로 그 과정을 이해하고 있다면, 왜 그들은 일찌기 그것을 사람들에게 알려주지 않았는가 하는 것이다.

나는 이 과정을 오래 전에 이해했거니와, 내 생각으로는 모든 초자연 연구가들이 이를 어느 정도는 알고 있었던 것

같다.

 사실, 일단 유체가 이탈된 후, 어떠한 일이 일어나는가를 사람들에게 말해주기란 어렵지 않다. 그러나 어떻게 하여 이탈이 일어나는가를 말해 주기란 그리 쉬운 일이 아니다.

 이탈할 때, 의식이 일어나기란 매우 어렵기 때문이다. 대부분의 예에서, 일단 이탈이 된 후에야 의식이 오는데, 이것은 알고 보면 매우 바람직한 일이다. 왜냐하면, 처음부터 의식이 있으면 혼줄의 활동 범위에서 어떤 뜻밖의 짓을 하게 될지도 모르기 때문이다.

 그렇지만, 나는 처음부터 의식 이탈을 해본 경험이 있다. 그러나 그러한 경험은 몇 번 뿐이고, 기타의 경우는 대부분 무의식 이탈이다. 여러분도 기억하리라 생각되는데, 내가 최초로 경험했던 것이 처음부터 의식이 있었던 이탈이었다.

 이런 형태의 이탈이 일어날 때, 언제나 나는 내가 몇 시간 동안 자고 난 후에 그랬었다는 것을 알고 있었다. 나는 보통 아침 1시에서 4시 사이에 잠이 깨곤 했는데, 잠을 다시 자려고 할 때 유체이탈이 시작되었다. 그러나 다른 때는 잠에서 막 깨어날 때 이탈이 시작된 경우도 있다. 유체이탈이 일어나는 두가지 상태는 (1) 잠이 막 드는 상태와 (2) 잠에서 막 깨는 상태라 할 수 있다.

 내가 인용했던 첫경험은 잠이 막 드는 상태에서 의식 이탈이 일어났던 예이다. 이탈자는 서서히 의식이 깨기 시작할 때, 자기가 있는 곳은 알지 못하나, 어디엔가 있다는 것은 의식한다.

 여러분이 두 눈을 감고 귀를 막으면 이탈자가 이탈하기 직전에 갖는 상태가 어떤 것인가를 어느 정도는 짐작할 것이다.

의식이 좀 강화되면 이탈자는 보고 들을 수 있기 전에 자기가 침대 위에 누워 있다는 것을 알게 되며, 뒷통수에서 아주 현저한 맥박을 느끼게 된다.

이것은 심장의 맥동이다. 자기가 침대에 누워 있다는 것은 몰라도 우선 이것을 알아 차리는 때가 흔하다.

이윽고 자기가 움직일 수 없다는 것을 깨닫게 된다. 만일 이탈을 일으키고 싶다면 육체를 움직이려고 해서는 안된다.

공중으로 오른다는 생각을 해야 된다. 그러나 애써(노력하여) 공중으로 올라가려고 해봤자 되지 않을 수도 있다. 왜냐하면 그러한 생각이 오히려 육체를 움직이는 힘을 방해하기 때문이다.

이때에는 단지 꼼짝않고 가만히 누워서 위로 올라가는구나 하는 생각만 한다.

피험자는 마치 자기 몸무게가 1톤이나 되는 것처럼 느낄 것이며, 침대에다 아교를 붙여 놓은 것처럼 느낄 것이다. 급기야 자기를 붙들어 매 놓은 이 아교가 허술해진 것 같음을 느끼며, 매 놓은 것이 끊어졌을 때의 기구(氣球)처럼 느껴지면서, 자기가 위로 올라가기 시작한다.

그러면 유체가 둥둥 뜨기 때문에 부양감(浮揚感)이 생긴다. 피험자는 부양감을 즐기며, 단지 위로 위로 올라 간다고 생각만 하면서 가만히 누워 있어야 한다.

대체로 힘이 자기를 혼줄의 활동 범위 밖으로 내보낼 때까지는 강경증이 일어나지만, 때때로(몸이 똑바로 선 후) 혼줄의 활동 범위 내에서도 강경증이 없어지는 수가 있다. 그러나 그가 수평 자세로 있으면 강경증은 없어지지 않는다.

피험자는 혼줄의 활동 범위 내에서 내내 뒷통수의 맥박을 느낄 수 있으며, 어떠한 형태가 됐던 좀 이상한 일이 거의 언제나 생겨난다. 일단 혼줄의 활동 범위를 벗어나면 유체는 자유자재가 되며, 말할 수 없을 만큼 민감하고 상쾌한 기분이 된다.

의식 이탈을 경험한 대부분의 사람들이 처음으로 의식을 갖게 되는 때가 이때다. 이에 대한 설명은 대부분 이런 말로 시작한다.

"나는 다시 한번 이탈한 나 자신을 발견했는데, 도저히 말로 표현할 수 없는 자유로운 몸이 되었다."

이때가 의식이 깨어 나기에 가장 바람직한 때가 아닐까? 물론 그렇다. 아주 유쾌한 기분으로 의식이 깨어 완전히 자유로우면 유체이탈에서는 최상이다.

의식 이탈이 잠에서 막 깨어나는 상태에서 시작되면, 피험자는 두 몸이 따로 따로라는 사실에 유의할 것이다. 그러나 이탈이 잠으로 막 들어가는 상태에서 일어나면, 유체는 너무 쉽게 꼿꼿이 서기 때문에 피험자는 위로 오른 것을 거의 모르고 있다가 갑자기 자기가 이탈되었다는 것을 알게 된다.

청각이 처음으로 트이기 시작하면 소리는 멀리서 오는 것 같이 들린다. 시각이 처음으로 보이기 시작하면 사물이 희끄므레하게 보이며, 소리가 보다 분명해짐에 따라 시각도 점점 밝아져 온다. 그리고 양체(兩體)의 조화가 깨지면 유체가 어느 지점인가를 통과해 오르게 되므로 그때 의식이 다소 흐릿해지는듯 하다가 다시 정상으로 되돌아 오게 된다.

나는 이탈 때마다 매번 이것을 알았다. 유체가 육체를 막 떠날 때 의식은 잠시 몽롱해졌다가 다시 돌아온다.

그것은 마치 전구(電球)가 잠시 희미해졌다가 다시 밝아져 오는 것과 같다. 이 지점이(이 때가) 의식을 계속 유지하고 있기에 가장 어려운 곳(때)이다.

그곳이 바로 양체 결합에 아주 가까운 곳, 즉 평온대라는 것을 기억하기 바란다.

유체의 완전 의식 이탈이란 대단히 어려운 일이어서, 피험자의 육체가 아주 심한 '무기력'상태가 아니고, 또 그의 감정이 절대 안정되어 있지 않고서는 그러한 시도는 실패하는 것이 보통이다.

이러한 경우(의식이탈)에, 잠재의지는 현재 의식으로부터 직접 위로 올라간다는 암시를 받고 있으므로 잠재의식적 '스트레스'는 필요치 않다.

대개 피험자가 몇 시간 동안 자고 난 후에, 완전의식 이탈이 일어나는 이유는 육체가 잠든 사이에 대단히 무기력해졌기 때문이다.

사람들이 이른바 '야간무력(夜間無力)' 상태(그것은 정말로 유체의 강경 상태인데)에서 일찍 잠이 깨는 것은 드문 일이 아닌데, 이 때가 유체이탈을 해보기 위한 절호의 기회이다. 그 다음에 할 일은 단지 적당한 암시와 감정의 안정뿐이다.

실제 나는 몇 시간을 자고 난 후, 언제나 완전 유체이탈이 일어났다. 때로는 온 밤을 자고 난 후에도 일어났는데 흔히 아침 6시와 7시였다.

심화(深化)에 의한 이탈 결과

당신의 마음이 이탈하려는 욕구로 충분히 충족되었다고 생각하면, 그리고 당신의 생각이 정확하다면 다음 중의 한 가지 일이 일어나야 한다.

제12장 의식적 이탈과 무의식적 이탈 183

(1) 유체이탈의 꿈을 꾼다.
(2) 육체적으로 몽유한다(이 징조의 하나는 잠을 깼을 때 자신이 침대에서 나와 있는 것이다).
(3) 밤에 잠자다 깨더라도 마음 속에 그 욕구가 그대로 배어 있다.
(4) 의식이탈을 경험한다.

이러한 일이 한 가지도 안 일어난다면 다음과 같이 설명할 수밖에 없다. 당신은 단지 당신의 마음이 욕망으로 심화(深化)되어 있다고 상상하고만 있었을 뿐이거나, 아니면 무의식 유체이탈만을 경험하고 있는 것이다.

무의식 유체이탈은 흔히 일어나는 것이다. 무의식 유체이탈이 매우 흔하다는 것을 일반적으로 잘 모른다고 나는 생각한다.

나는 몇 번 의식 유체이탈을 했는지는 알고 있지만, 무의식 유체이탈을 몇 번 했는지는 모른다. 그리고 육체적 몽유는 내 생에에 두세 번 밖에 없었던 것으로 기억된다.

유체이탈을 하고자 하는 욕구의 심화(深化)가 가져다 주는 4가지 각기 다른 결과에 대하여 설명하면 다음과 같다.

첫째, 당신이 유체이탈의 꿈을 꾸게 되려면 어떠한 곳에 도착했을 때, 곧 잠이 깨게 될 때 어떤 방법을 써야 될 것이다.

둘째, 당신이 육체적으로 몽유한다면, 당신의 육체적 '무기력' 정도가 아직 적당하게 유도된 것이 아니므로 한층 더 심장의 맥동을 줄여야 한다. 그래야 잠재 의지가 유체이탈을 결정해도 육체가 쉽게 응하지 않게 되어 뒤에 쳐지게 된다.

셋째, 당신이 한밤중에 잠이 깨었을 경우, 마음 속에 그러한 이탈의 욕구가 있다면, 그러한 욕망에다 상상적 의지를 첨가시킨다. 그리하여 이러한 상상적 의지의 영향하에서 '발전시킨다.' 또한 육체의 강경 상태에서 잠을 깨기 위하여 잠들기 전에 육체가 완전히 무저항 상태인가를 확인한다.

넷째, 이상 세 가지 중 아무 것도 일어나지 않았다는 것을 알았다면, 당신에게는 욕구 스트레스가 부족하였거나 아니면, 무의식 이탈을 하고 있는 것이다. 이러한 경우, 잠자리에 들면, '이제부터 나는 매일 새벽 3시에 잠이 깨리라'고 자기 자신에게 암시를 주어야 된다.

이렇게 해서도 잠이 깨지 않으면 자명종 시계를 사용하여 적당한 시간에 잠을 깨는 습관을 들여야 한다. 밤의 정적(靜寂) 속에서 눈을 뜨고 누워, 의식은 있으되 졸음이 오도록 한다. 그리고 상상적 의지로 하여금 이탈 욕구가 생기도록 한다. 그러한 습관이 확고해질 때까지 이를 밤마다 계속한다.

그 다음, 밤에 잠자리에 들면 심장의 고동을 느끼게 하여 한층 육체적 무저항이 크도록 유도한다.

이것이 내가 처음부터 의식을 유지하면서 실험하여 성공한 방법이다.

다른 전형적인 이탈

친구(여자)와 나는 위의 방법을 쓰기로 서로 합의했다. 우리는 둘다 새벽 2시에 잠에서 깨어나 의식은 있으나 졸면서 누워 있었다.

나는 이탈하여 그녀의 방으로 간다는 것을 생각하는 반면, 그녀는 내가 이탈하여 오는 것을 시각화(視覺化)하기로 했다.

제12장 의식적 이탈과 무의식적 이탈

 이러한 방법으로 나는 나 자신의 이탈력을 시험해 볼 뿐만 아니라, 그녀가 나를 돕는데 심령력(心靈力)을 이용하기 바랬던 것이다. 동시에 우리는 한밤중에 우리의 욕구에 수동적(受動的) 의지를 작용시켜 보려는 것이었다.

 몇 주일이 지나는 동안, 나는 스스로 유체이탈하여 몇 차례 그녀의 방에 가서 의식이 깨어 나는데 성공했다. 그러나 나는 그 중간 거리를 여행했던 기억은 없었다.

 다시 말해, 나는 의식이 깨어날 때까지 의식이 전혀 없었다. 내가 의식이 깨어 있는 어떤 때 그녀도 역시 잠이 깨어 있었지만 나를 보지는 못했다.

 그러나 이상한 일이 하나 생겼다. 그 다음 번에, 나는 그녀에게 말하지 않은 어떤 일을 내가 하고 난 뒤(만일 내가 보인다고 한다면), 내가 한 일을 그녀가 낱낱이 말할 수 있는지의 여부를 탐색하려고 했다.

 따라서, 나는 그녀의 화장대가 있는 곳으로 가서 그의 머릿솔에 손을 얹었다가, 그녀가 있는 데로 걸어가 그녀의 어깨에 손을 얹고 한참 섰다가는 다시 돌아와서 손을 머릿솔에 놓았다가 그녀에게로 다시 가는 등, 이러기를 십여 차례 되풀이 했다. 그렇게 해도 그녀는 잠만 자고 있었다.

 이튿날 나는 그녀에게 자기 방에서 나를 보았느냐고 물어 보았다.

 "보지는 못했지만 내 방에 왔던 꿈을 꾸었습니다."

 그녀는 대답했다.

 그래서 나는,

 "어떠한 꿈을 꾸었소?"

 하고 물어 보았다.

 "당신이 내 머리를 빗겨 주려고 하는데, 빗이 없어 빗을 찾으러 이리저리 자꾸 뛰어다니기에 나는 그것이 화장대에 있다고 자꾸만 말하는 그러한 꿈을 꾸었습니다."

하고 대답했다. 그 여자는 비록 꿈을 꾸었을 뿐이지만, 이것은 거의 완전한 성공이었다고 나는 결론지었다.

이것으로 보아 우리가 충분히 추측할 수 있는 것은, 만일에 유체가 밤에 이탈하여 좀 떨어진 데서, 잠자고 있는 다른 사람들의 사고(思考)에 영향을 줄 수 있다는 것이다.

꿈이란 것은, 전부가 매일 매일의 현재의식 상태에서 미리 경험했던 일들이 잠재의식에 배어 있다가 나타난다는 생각은 분명한 오류(誤謬)이다. 죽은 사람이나 산 사람의 유체가 꿈을 가져다 줄 수 있으며, 또한 각 개인의 마음에 영향을 줄 수 있는 것이다.

어떤 사람이 유체이탈을 하여 남의 집에 들어갔는데, 그 집에 살고 있는 사람이 그 유체를 보았다고 하자.

이때 여러분은 일반 사람들로 하여금 이탈한 유체는 자기와 마찬가지로 단지 어딘가에서 잠자고 있는 이 세상 생존자라는 것을 믿도록 설득할 수 있겠는가? 거의 불가능할 것이다.

만일 이탈한 유체가 무의식이라면 영시자(靈視者)는 자기를 거들떠 보지도 않고 '유령'이 바로 여기 나를 스쳐간다고 할 것이다. 이와같이 귀신 나오는 집에 대한 현상도 여러 가지로 설명된다.

또한 이탈 유체가 무의식적이면 왜 그 집에 살고 있는 사람들의 상념에 의해 영향받지 않는가? 텔레파시로 유체의 마음을 조종할 수는 없는가? 내 생각으로는 그것은 가능하리라고 보는 것이다.

제13장
비의식(秘意識)과 초의식(超意識)

1. 지박령의 재출현과 비의식과의 관계

비의식(秘意識)

수동(受動) 의지(상상력)에 의한 방법을 활용해서 유체를 육체로부터 이탈시키는 것은 현재(顯在)의지가 아니라 잠재의지라는 것을 알 수 있다.

그런데 사실은 이탈 등을 조절하는 이지체(理智體)는 일반적인 잠재의식이 아니다. 나는 잠재심과 잠재의지에 대하여 이미 언급한 바 있는데, 흥미있는 심령현상을 완벽하게 설명하기 위해서 우리는 비의식(秘意識)을 알고 넘어가는 것이 필요하다.

비의식을 초의식(超意識)과 동일시하는 사람이 있는데, 하여간 유체이탈을 조절하는 그 이지체가 '비의식'이라 생각하면 된다.

여러분이 이탈 기술에 대하여 연구하고 실습하기 시작만 하면 모든 문제가 비의식과 관계된다는 것을 알게 될 것이다. 그리하여 피험자가 내부에 있는 이지체를 조절하는 것이 아니라, 이 내적(숨겨 있는) 이지체가 피험자를 지배한다는 데 놀랄 것이다. 즉, 자기 의지와는 상관없이 이탈이 일어나는 것이다.

이렇게 자동 이탈이 생겨나면 피험자는 이것을 거의 막아 낼 도리가 없다. 비의식은 이탈을 시키기 위하여 강력하고 미묘한 힘을 구사하는 것이다.

이지체가 구사하는 이 힘, 즉 작동력에 대하여 우리는 현재 별로 아는 바가 없다. 그것은 우리 모두에게 선천적으로 주어진 것임에 틀림없는데, 만일 우리가 이것을 밝혀 그 구조와 성질을 이해하게 된다면 우리는 여러 가지 초상적(超常的) 심령현상, 즉 고음(叩音)·염동(念動)작용 등의 해명에 획기적인 발전을 보게 될 것이다.

비의식의 현시(顯示)는 왜 나타나는가?

이 숨겨진 힘에 작용을 주는 비의식은 많은 영매(靈媒)를 통해 물리적인 현시 등, 불가사의한 일들을 만들기도 한다. 그 힘은 영매의 내부에 있는 타계의 '영(靈)들'이 심령현상을 일으킨다고 믿고들 있지만, 실제적으로 힘은 비의식에 의해 조종된다. 그리하여 영매 자신도 그러한 현시 이면(顯視裏面)에 있는 이지체가 비의식이라는 것을 모르고 있다.

나는 이 비의식이, 무엇인가를 컨트롤할 때(극히 우스꽝스러운 일까지도) 가장 교활하게 영향력을 행사하는 것으로 알고 있다. 비의식은 바로 부인네들이 즐기고 싶다고 하면 종종 그들을 즐겁게 해주는 효과를 내기도 하며, 단지 그 곳에 살고 있는 사람들이 '현시'를 보거나 듣고자 한다는 이유만으로도 '고음(叩音)'등을 내면서 그 곳에 나타나기도 한다는 것이 나의 생각이다…… 모든 것이 '단순한 환상'만은 아니라고 본다.

지상(地上)의 어떤 물체가 우리들이 사는 집에 나타날 수도 있다. 우리가 그러한 물질적 '현시'를 듣거나 보거나 하면 우리는 그것을 '유령'의 짓이라고 하지만, 그러나 그것은 숨겨진 힘을 조절하는 우리들의 비의식에 의하여 생겨나는 것이다. 그런데도 사람들은,

"우리는 이러한 현시를 가져오는데 아무런 역할도 한 적이 없다. 그러니 이것은 영(靈)들의 소행임에 틀림없다."

고 말한다, 그러나 여기에 속아 넘어가지 말라. 유령들도 비슷한 현신(귀신나오는 집 등)을 나타낼 수 있으나, 우리는 매사를 죽은 이들의 탓으로만 돌리지는 말아야 할 것이다!

영매를 통하여, 직접 영계의 친구로부터 오는 것으로 가상되어지는 많은 통신도 역시 영매의 비의식에 의하여 만들어지는 것이 아닌가 나는 생각하고 있다. 영계 통신이란 것 역시, 비의식이 죽은 친구를 대리하는 것이라고 말한다면 지나친 말일까?

조예가 깊은 신비학자들은 대부분 많은 심령현상이 유령에 의하여 좌우되기도 하지만, 많은 부분이 영매 내부에 있는 이지체가 무엇인가 생명사(生命糸)같은 것에 영향을 주어 일어난다는 데 의견을 같이 하고 있다.

대단히 영리하게 행동은 하되 이렇듯 숨겨진 이지체가 바로 비의식이다. 사실 유체를 이렇게 영특하게 다루는 것은 사람들이 완전의식 이탈을 처음으로 경험하고, 가장 감명깊게, 실로 놀라웁게 느끼는 것 중의 하나이다.

그러나 나로서 가장 놀라운 것은 그것이 아니다.

가장 놀랍게 생각되는 것은 여러분이 육체를 빠져 나가서도 살아 있다는 그것이다.

마음이 작용하는 여러 가지 방법

이제 우리는 유체이탈의 시작, 그리고 혼줄의 활동 한계를 보았으므로, 그 다음은 혼줄의 활동 범위를 넘어서기까지 마음이 작용하는 여러 가지 방법을 생각해 보기로 한다.

첫째, 일반 잠재의식의 표면에 스트레스(욕구나 버릇의 억압)이 있을 때, 수면중에 생겨나는 의도적 혹은 비의도적(非意圖的) 이탈을 생각해 볼 일이다.

이 '스트레스'는 우리가 비의식이라고 부르는 무의식부(部)의 작용을 받는다. 즉 비의식은 이 문제의 스트레스를 심사숙고한 뒤, 판단에 의해 일반 잠재의식 속에 있는 스트레스를 해소시키거나 이완시키는 길은 유체를 이탈시켜 그로 하여금 이 스트레스를 풀어 없애도록 하는 것이라고 결정을 내리는 것이다.

아마 (위에서 말한 행위들을) 비의식은 의식이 방해받을 수 있는 낮에는 그것이 안될 것이라는 것을 알기 때문에 우리가 잠자는 동안에 밤에 그렇게 하는 것인지도 모른다.

다시 말해서, 현재 의식은 많은 예에서 이러한 스트레스 해소를 방해한다는 것을 비의식은 알고 있으므로 우리의 의식이 없는 동안에 스트레스를 해소케 하는 것이다. 여하간, 비의식은 적당히 컨트롤 하고 영묘한 '힘'을 발휘하여 유체이탈을 가져 오게 한다.

유체이탈중에 있을 때 피험자는 때때로,

(1) '무의식'일 수 있다. 이럴 때 비의식은 유체의 전 동작을 지배하여, 유계(幽界)의 여기저기에 유체를 발사, 그로 하여금 억압을 해소케 하며, 욕구를 충족토록 한다.

(2) '의식'이 있을 수 있다. 이때 현재의식은 내적 및 외적 동작에 영향을 준다. 그러나 피험자는 조정 이지체에 영향을

주어 유체의 내형화 및 외형화의 통로를 변경할 수는 없다.

(3) 그러나 피험자가 의식은 있으되, 의식적 암시에 의하여 비의식에 영향을 줄 수는 절대 없는 경우도 있다. 이 때는 비의식이 자신의 확고부동한 의지에 매어 있을 때이다. 이럴 때 가장 좋은 수는, 제멋대로 작용하도록 내버려 두는 것이다. 왜냐하면, 사실 피험자가 그것을 저지할 방도가 도저히 없을 것이기 때문이다. 비의식이 타의식과는 관계없이 스스로 이탈(거의 자동 이탈)을 했을 때, 그에게는 의식이 있을 수 있으나 혼줄의 활동 범위를 벗어날 때까지, 또한 그 범위를 벗어난 후 까지도, 그는 완전히 비의식의 의지하에 놓인다.

그런데, 피험자가 의식을 가지고 혼줄의 활동 범위를 벗어난다면, 다시 말하여 유체 상태에서 정상적인 의식이 있다고 가상한다면, 그의 육체는 전적으로 현재 의식의 지배하에 있게 된다. 그리하여 육체적으로 항상 그렇듯이, 유체로 걸어 다닐 수가 있다(이것이 여행의 정상 속도라는 것은 기억이 날 것이다). 그런데 그가 자기의 이웃집으로 옮겨가고 싶다 할 때라도 그는 그렇게 하려고 애쓸 필요가 없다. 즉시 그는 앞으로 나아갈 수 있기(분명히 모든 것들이 자기에게로 다가와서 자기를 거쳐 통과해 갈 것이기) 때문이다.

그런 때 그는 의식이 있어 자기가 하고 있는 일을 알고 있다. 그러나 그는 자신의 작동력을 사용하지 않고 있다. 이것이 여행의 중간 속도로서 혼줄의 활동 범위내에서의 상태와 흡사하다.

그런데 그가 10마일 떨어진 친구 집에 가고 싶다고 하면, 즉시 거기에 가 있을 수가 있다. 이것은 여행의 초상속도로서 이 때에는 의식은 없다. 친구 집에 와서는 다시 마음대로 정상 속도로 걸을 수도 있으며 중간 속도로 다닐 수도 있다.

초의식 이탈

여기서 나는 우리의 내부 의식들이 유체이탈중 항상 서로를 어떻게 견제하고 있는가에 대하여 말해 보겠다. 이 경험은 내가 한것 중 가장 신비한 경험이라고도 할 수 있다. 이 글을 다 읽고 나면 명료해질 것이기 때문에 나는 이 경험을, 하나의 초의식 이탈이라고 부르겠다.

어떤 분위기조차 야릇한 고요가 깃들었던 어느 이상한 달밤이었다. 그것은 1924년 여름이었다.

나는 저녁 식사를 마친 후, 얼마 안 있다가 집을 나와 거리로 내려갔다. 그날 밤 나에게는 재미있는 일이라고는 하나도 없는, 다시 말해서 말할 수 없는 어떤 외로움에 빠진 것 같은 기분이었다.

나는 한 쪽 길을 걸어 올라갔다가 다른 길로 걸어서 내려와 결국 어느 차고(車庫) 앞에 놓여 있는 벤취 위에 앉아 쉬게 되었다.

거기서 한참 동안 앉아서 나는 인생의 목적(이유)에 대하여 생각해 보았다. 휘영청 밝은 달을 여러 번 쳐다 보다가 그것은 전혀 알길이 없는 문제여서, 혼자 화만 냈던 것으로 기억된다. 나중엔 기분만 잡쳐 나는 집으로 돌아와 내 방으로 들어가 방문을 걸고 침대에 벌렁 나자빠졌다.

얼마 누워 있자니 싸늘한 물결이 나를 스쳐가면서 사지(四肢)가 얼어 무감각해진 것같은 느낌을 갖게 되었다. 나는 손을 뻗쳐 손들을 꼬집어 보았으나 아무런 감각이 없었다. 그때 아마 바늘로써 살을 찔러 보았다 해도 틀림없이 무감각했을 것이다.

　나는 몇 분 동안 꼼짝 할 수가 없었다. 동시에 나의 행동력은 없어져 버려, 나는 몇 분 동안을 이런 상태로(의식은 있었다) 누워 있었다.

　그것은 말할 것도 없이 아주 불쾌한 기분이었다. 의식은 있었으나 보고 듣고 느끼고 움직일 수가 없었다. 마치 나의 내부 의식만이 존재하는 것처럼 느껴졌다.

　그러나 그것은 나에게 있어 전혀 의외의 경험은 아니어서, 장차 어떤 일이 일어날 것인가를 알고 있었기 때문에, 나는 가만히 있으면서, 또 한번 의식 유체이탈을 준비했다.

　나는 공중으로 올라갔다. 그리고 거기서 약 10피트 거리를 밖으로 떠나가니 차츰 시각(視覺)이 작용하기 시작했다.

　언제나 처럼 처음에는 사물이 희미하게 보이나, 그러한 상태는 일시적일 뿐이고, 대체로 약 1분쯤 지난 후, 실제로 의식 이탈이 계속되었다.

　그러므로, 이윽고 나는 유체를 이탈하여 정상적으로 볼 수가 있게 되었다. 이때부터 나는 조절(이지)체에 의하여, 전에 말했던 것처럼 혼줄을 흔들어 수직자세로 들어가서 방바닥에 발을 딛고 섰다. 내가 혼줄의 활동 범위를 나왔을 때 나는 다시 몸이 자유롭고 정상이 되어 집안을 잠시 걸어 다니다가 밖으로 나가 거리로 들어섰다.

　거리로 들어서자마자 거의 어리둥절하게 만드는 광경이 나를 둘러싸기에 보니 나는 처음 보는 어느 집 안에 들어와 있었다. 그곳이 어딘지는 알 수 없었다.

　나는 즉시 내가 초상 속도로 거기에 온 것이라는 것은 알았으나, 어찌하여 그렇게 되었는지는 알 수가 없었다. 그래서 나는 여기 저기 둘러 보면서, 우연히 내부의 이지체(理智

제13장 비의식(秘意識)과 초의식(超意識)

體)가 어떤 목적이 있어서 나를 이리로 쏘아보낸 것이 아닌가 하고 생각했다. 네 사람이 방안에 있었는데, 그 중의 하나는 열 일곱살 쯤 된 처녀였다.

아직도 나는 내가 거기에 온 이유를 알 수가 없었다. 피험자가 유체이탈 중에 자기 자신의 현재의식을 사용하는 것이 아니라면, 잠재의식이 자기를 컨트롤한다는 경험으로부터 미루어 나는 이렇게 조리있게 말했다. 즉,

"내가 왜 여기에 와 있는가를 알려고 애쓰지는 않겠다. 비의식이 나를 옮겨가도록 할테니."라고

그래서 나는 의식을 이완시키고 가만히 있었다.

그렇게 하자, 나는 하려고도 않는데 몸이 움직여 그 젊은 아가씨 바로 앞에 갖다 놓아졌다. 이 때, 이 여인은 까만 드레스를 꿰매고 있었다.

여전히 나는 거기에 온 이유를 알 수 없었다. 그래서 나는 다시 방안을 이리저리 돌아다니면서 여러 가지 물체들을 눈여겨 보았다.

내 생각으로는 거기가 어디가 됐던간에 이렇게 날아온 것은 아무런 이유(목적)가 없으므로 나는 집으로 돌아가는 외에 별 도리가 없는듯 싶었다.

내가 육체에로 돌아 가야겠다고 마음 먹기 바로 직전에 나는 마지막으로 이곳 안팎을 돌아보았더니, 이 집이 농가라는 것을 알았다.

곧 나의 방으로 되돌아 와서 아래를 내려다 보니 침대 위에는 아직도 나의 육체가 누워 있었다. 나는 여러 가지 이탈에 대하여 언제나 다소 주의를 기울여 왔었으므로 나는 육체로 돌아가야겠다고 생각하는 것만으로 그대로 육체에 돌아오고야 말았다(사실 육체에 너무 가까이 있으면 피험자가

내형화 되지 않게 하기란 어렵다).

한 6주가 지났을 때, 나는 이 경험을 거의 잊고 있었다. 왜냐하면 그것은 다른 여러 가지 장거리 이탈과는 다르기 때문이다.

그런데 어느 날 오후 내가 집으로 돌아오고 있는데, 어떤 처녀 하나가 차에서 내리는 것이 보였다. 그녀는 차를 운전하고 와서 나의 옆 집으로 들어가는 것이었다. 그 즉석에서 나는 알아 차렸다. 저 여자가 6주일 전 내가 유체이탈을 했을 때 그 농가에서 만났던 처녀라는 것을.

나는 당장 호기심이 생겨났다. 나는 그 주위를 슬슬 거닐면서 그녀가 그 집으로부터 나오기를 기다리고 있었다. 그녀가 그곳에 살고 있지 않다는 것을 나는 이미 알고 있었기 때문이다. 급기야 그녀는 나오더니 자기 차 있는 데로 걸어가는 것이었다. 나는 인사하는 것도 잊고서 퉁명스럽게,

"죄송합니다만, 어디 살고 계십니까?"

하고 물었다. 그랬더니 그녀는 대답하기를,

"당신은 알 바 아니예요!"

하고, 나를 무례한 놈으로 취급했다.

그러나 나는 그녀와 만난 일이 있다는 것, 또 그녀의 집이 어떻게 생겼다는 것 등을 자세히 설명까지 하면서 자기 집을 보았던 것을 확신시켰다.

나의 설명이 너무나도 사실과 부합되므로 그녀는 이 말을 듣고는 자기 집이 별로 멀리 떨어져 있는 게 아니므로 더욱 마음놓고 이야기하기 시작했다. 그러나 그녀는 누군가가 미리 나에게 전부 이야기해 준 것이 아니냐면서도, 그녀가 어디 사는지도 모르는 것을 보고서는, 내가 그것을 어떻게 알았느냐고 물었다.

제13장 비의식(秘意識)과 초의식(超意識)

그것이 인연이 되어 나는 그 여자를 좋아하게 되었다. 그 후부터 나는 그녀를 자주 만나게 되었으며, 우리 집으로부터 까마귀가 날듯이 날라, 15마일 정도 떨어져 있는 그녀의 집 (이탈해서 보았던 그대로의)에도 가 보았다. 뿐만 아니라 유체이탈이 가능하다는 것조차 납득이 되었다. 왜냐하면, 그후 그 아가씨는 내가 유체이탈을 하여 자기 방에 간 것을 본 일이 있기 때문이다.

이 여자는 지금도 사실 나의 가장 친한 친구이지만, 그후 그 젊은 처녀와 함께 나는 여러 번 실험을 해 보았다.

자발적 이탈을 유도하는 데는 신체의 무기력이 가장 중요한 요인이거니와, 비의식이 자동적으로 유체이탈을 유도할 시초에 가장 주목할 징후는 이 '싸늘한 물결'이다. 그 다음에 오는 것은 사지(四肢)의 무감각 상태이다.

누구든 단 한번이라도 의식이탈을 경험해 본 후면, 비의식의 우수성을 확신하게 되리라. 이 비의식에 대하여 보다 보충 설명을 하면 다음과 같다.

(1) 비의식은 유체의 비(秘)의식적 자동 이탈을 가져올 수 있으며, 이때 피험자는 무의식이다(어떤 외부적 인상과도 관계없이, 마음대로 이탈체를 조절할 힘을 가지고 있다).

(2) 비의식은 일반 잠재의식으로부터 오는 '스트레스'에 영향을 미칠 수 있다. 또 그것은 유체를 이탈시킬 수 있으며, 일반 잠재의식의 인상에 의하여 영향을 받을 수도 있다. 이것은 대단히 보편적이다.

(3) 비의식은 현재의식으로부터 직접 암시를 받아 유체이탈을 시킬 수 있다. 이런 일은 아주 드물지만, 때로는 특히 수동 의식을 사용함으로써 될 수 있다.

(4) 비의식은 육체를 컨트롤(피험자가 의식이 있을 때)할 수 있으므로 현재(顯在)의식으로부터의 암시를 받을 수도 있고 현재의식으로부터의 암시를 무시할 수도 있다.

(5) 비의식은 육체를 컨트롤(피험자가 의식이 있을 때)할 수 있으며, 일반 잠재의식으로부터의 암시(가령 '버릇 스트레스'와 같은)를 받을 수 있다. 그리하여 만일 비의식이 피험자의 현재의식으로부터의 암시를 받아들이지 아니하고 일반 잠재의식으로부터 오는 암시에 주목하게 되면, 피험자는 의식이 있다 하더라도 습관적인 일을 하게 되거나 욕구를 채우지 않을 수 없게 된다.

이상은 여러분에게 마음이 작용하는 여러 가지 서로 다른 방법에 대하여 어떤 아이디어를 제공해 주리라고 본다. 그러나 법칙은 피험자가 의식이 있는 유체이탈을 했을 때, 거의 언제나 자기의 현재 의지(意志)에 의해 조절력에 영향을 줄 수 있다는 것이다.

몸서리쳐지는 경험

여러 가지 심령현상은 이 비의식에 의해 틀림없이 일어난다. 다음은 그와 관련된 또 하나의 체험담이다.

1916년 어느 여름 날, 맹렬한 비바람과 폭풍이 내가 살고 있던 지방을 휩쓸었다. 그 시간은 불과 얼마 안되었었지만 피해는 상당히 컸다.

가옥이 파괴되고 나무가 뽑히고 전선이 끊기고, 커다란 웅덩이가 땅 위에 생겨났다.

폭풍이 지난 뒤, 나는 아버지와 이웃집 소년과 함께 피해

제13장 비의식(秘意識)과 초의식(超意識) 199

상황을 보려고 거리로 나아갔다. 우리는 태풍에 대하여 이야기를 주고 받으며 인도(人道)를 따라 걸어가다가 집에서 약 3블럭쯤 되는 곳에 이르러, 전선이 끊어져 전기줄 한 쪽이 바로 거리 바닥에 걸려 있었다.

우리는 거기에 전기가 통하고 있는지 어쩐지를 몰라, 가다가 발을 멈추었다. 우리가 서 있는 곳은 인도였으므로 땅바닥이 매우 축축했다.

나는 길에서 전기줄을 치우려고 손을 뻗었다. 내가 기억나는 것이라고는 그것밖에 없다. 사실은 전선에 고압 전류가 흐르고 있었는데, 나는 고무신을 신은 것도 아니었으므로 즉석에서 졸도하여 의식을 잃은 것이다.

내가 그 전선을 만지자 마자 일어났던 일에 대하여는 그 후에 친구들이 나에게 말해 주었다. 나는 앞으로 탁 튕기며 몸이 빳빳해지더니, 얼굴이 마치 금방 혈압이 터질 것 처럼 부풀어 올랐다는 것이다.

그때 나는 인도에서 약 10피트나 떨어져 있는 흙탕물 구덩이로 나가 떨어지면서 전기줄과 뒤범벅이 되었다는 것이다.

여기까지에 대하여 나는 전혀 모르고 있었다. 그러나 얼마 후 나는 육체를 벗어나서 의식이 들었으므로 나의 육체가 그 곳에 누워 있음을 볼 수 있었다. 즉, 나는 유체로서 그것을 본 것이다.

나는 전선과 접촉하고 있는 육체로부터 몇 피트나 떨어져 있는 데도 몸서리치는 전기가 나를 통과하는 것을 느낄 수가 있었다.

그 공포, 아픔, 그 시련! 지금도 그때를 생각하면 내가 어떻게 참아냈던가가 이상할 정도이다. 육체는 아직도 전선과 접하고 있었으나, 유체에는 의식이 있었으므로 그때 내가 당한 그 무시무시했던 감정을 나는 기억하고 있다.
 나는 고통을 느끼고 있었지만, 나는 마음내키는 대로 움직일 수가 없었다. 유체 상태에서도 나의 팔은 그곳에 있지도 아니한 전선을 잡고 있는 것처럼 빳빳해져서 움직일 수가 없었다.
 나는 그 고통을 치루고 있었는 데도 나의 옆에 두 소년이 서 있는 것이 보였다. 그들은 자기들도 희생될까봐 나의 육체는 건드릴려고도 못하고, 누가 와서 도와 달라고 비명만 지르는 것이었다. 유체가 된 나를 그들은 보지도 못했으며, 또 나의 소원도 알지 못했다.
 "전기를 끄게 해! 전기를 끄게 해!"
 그들은 자꾸 자꾸 지르는 나의 소리를 들은 척도 안 하고 서 있기만 했다.
 그들의 말에 따르면, 내가 처음에 전선을 만지는 순간 비명을 지르며 땅에 엎어졌다는 것이다. 그러나 지금 나는 그 때 그랬었다는 아무런 기억도 나지 않는다. 무의식 중에 비명을 질렀던 것임에 틀림없다.
 하여간 나도 이탈 후, 의식이 들어서 그 후의 일을 볼 수가 있었다. 나는 몇 분 동안을 몇 년이나 된듯 도리없이 그대로 서 있었다. 그러던 중 다행히도 이웃 사람들이 이곳으로 뛰어오는 것이 보였다.
 또 나의 가장 친한 친구도 한 사람이 담을 넘어서 뛰어오는 것이 보였다. 또 이웃집에서 여자 둘이 오고 있었다. 또 남자 하나와 그 아들이 내게로 달려오고 있었다. 그 남자는 조그만 도끼를 들고 있었으며, 고무 장화를 신고 있었다.
 이 사람이 나의 육체를 집어 들려고 팔을 내 뻗었다. 그러자 내가 다시 뒤쪽으로 튕겨지는 것 같았다. 거기 모였던 이웃 사람들이 모두 지켜 보고 있을 때 나도 의식이 또렷했다.

내가 지금 이야기한 모든 사람들은 지금도 생존해 있어서 육체적 상황에 관한 한 그때의 일들을 증명해 줄 것이다.

왜 횡사자는 자기 죽음을 재연하는가?

이 참사(慘事)가 있은 후 나는 거의 매일 저녁 내가 감전사(感電死)하는 꿈을 꾸었다. 나는 꿈 속에서 그때 일어났던 일과 똑같은 경험을 그대로 하곤 했다.

가끔 나는 의식이 들어 그것이 한낱 꿈이라는 것을 알긴 했지만, 그럴 때마다 나는 유체이탈이 되어 대개 침대 위에 누워 있는 나의 육체 곁에 서 있는 것을 발견하곤 했다.

그럴 때도 어떤 때는 내가 의식이 돌아와 유체 상태에 있으면서 그 경험이 과거지사(過去之事)라는 것을 알게 되기까지 몇분이 걸리는 것이었다.

어떤 때, 나는 이러한 가공(可恐)할 만한 꿈에서 깨어나 유체 상태가 되었음을 알아 차렸을 때는, 우리 집에서 몇 블럭 떨어진, 그 사건이 일어났던 바로 그 지점에서 나는 전날의 몸서리치는 경험을 되치르곤 했다.

내가 전에 이야기한 것으로 생각되는데, 횡사한 사람은 자꾸 자기의 죽음을 유체 상태에서 몇 번이고 반복하여 재연한다. 우리가 이러한 사실을 생각하면 그래야 된다는 것은 실로 잔인한 것처럼 보인다.

그러나 왜 횡사자가 자기의 죽음을 자꾸만 되풀이 해야 하는가는 설명하기에 어렵지 않다. 아픔이 마음에 깊이 인상(印像)을 주는 것은 정신적인 공포이므로, 그의 의식이 완전히 작용하고 있지 않는다면 실제 아픔은 그다지 많이 남아 있지 않은 것이다.

 이의 본원(本源)을 여러분께 설명하기 위해 우리는 잠시 내가 감전 사고로(육체적으로 다시 살아 나지 않고) 아주 죽어 버렸다고 가상해 보자. 그리하여, 내가 그후 영원히 유체 상태가 되어 죽음을 재연하곤 한다고 할 때, 거기에는 몇 가지 사항이 고려되어질 수 있다.

 즉, 유체적으로 그 사고를 체험하는 것은 내가 바로 밤에 육체적으로 살았을 때 했던 것과 똑같은 것임을 우리는 알 수 있을 것이다.

 설사 내가 영구히 유체이탈을 했다 하더라도 수면중과 똑같은 것을 체험하지 않을까? 그렇다, 유체들은 여러분이나 나나 잠을 자며 꿈을 꾼다. 유체는 몽체(夢體)다. 우리는 그것을 잊어서는 안된다.

 이렇듯, 설사 내가 눈에는 보이지 않는 세계의 정주자(定住者)가 되었다고 할지라도 내가 지금 육체적으로 있는 것과 다를 바 없을 것이다. 그리하여 밤이, 무의식이 나를 사로 잡을 때나, 아니면 내가 꿈을 꿀 때 나는 유체 상태에서 나의 죽음을 경험하곤 할 것이다.

 그것은 마치 내가 아직 육체적으로 살았을 때 유체 상태에서 나의 죽음을 경험했던 것과 똑같은 것이다.

 그런데, 마치 습관된 '스트레스'가 이탈자로 하여금 습관적인 행위를 재연시키듯이, 지배적인 인상이 나를 엄습하는 것이다.

 횡사했을 때의 공포(恐怖)가 마음에 깊은 인상을 주리라는 것은 상상이 갈 것이다. 이것이 마음에 억압을 주어 같은 장면을 끊임없이 재연케 하는 것이다.

 그때엔, 물론 그는 한 장소에 얽매이게 되는데, 만일 지상

(地上)의 존재들이 이 장면의 재연을 목격하게 된다면, 그 장소를 '귀신이 나오는 곳'이라 말하게 된다. 이 지박령(地縛靈)에 대하여 글로 쓴 사람은 많으나, 대부분의 작가들은 왜 그들이 그러한 상태로 나타나는가에 대하여 설명하지 못하고 있다.

어떤 사람은 주장하기를 '자주 나오는 유령'은 살았을 때 잘못된 인생을 그대로 살아가기 때문에 유체 상태를 벗어나지 못한다고까지 말한다.

이것은 객관적으로 추리(推理)할 수 있는 가장 논리적인 설명이긴 하지만, 유체이탈을 경험해 보면 내가 지금 여러분에게 말하고 있는 근거들이 확실해 질 것이다.

가장 올바르게 산 사람이나 가장 사악(邪惡)하게 산 사람이나 지박령이 될 가능성은 마찬가지다. 그들이 지박(地縛)하는 것은 자기의 윤리(倫理)때문이 아니라 자기의 심리적 조건 때문이다.

내가 이런 소리, 즉 가장 올바르게 산 사람이나 가장 사악하게 산 사람이나 지박령이 되기 쉬움은 매한가지라고 한다 해서 몇 차례 심령주의자들 한테서 비판을 받은 일이 있다.

그러나 전혀 결백하게 산 사람도 지박령이 되는 것은 사실이다. 죽어서도 다시 살아나 그 죽었던 장소에 자주 나타나는 것은 언제나 살인자로부터 희생당한 사람들이다.

우리는 살인자가 어떤 장소에 자주 나타난다는 소리를 들어 본 일이 있는가? 아니다, 귀신 나오는 집 현상에서 모습을 드러내는 것은 언제나 희생자, 즉 무죄인 쪽이다. 실제로 근대에서 초자연적 현상의 시작은 '귀신 나오는 집' 현상에 기초를 두고 있다.

왜 영혼이 지상에 잘 나타나는가 하는 이유는 네 가지, 그것도 단 네 가지 뿐인데, 그 중 세 가지는 이미 자기(自己) 이탈법에서 이야기한 바 있다. 그것은 모두 마음의 상태와 그 기능에서 오고 있다. 즉 (1) 욕구, (2) 버릇, (3) 꿈, (4) 정신이상이 그것이다. 이것은(특히 지박령이 되는 조건은 생전의 사악한 생활에 의하여 주어진다. 또 복수심이 그 사람으로 하여금 지박케 하여 어떤 장소나 어떤 사람에게 자주 나타나도록 한다고 믿는 사람들에게는) 사리에 맞지 않는 것 같이 보일 것이다.

그러나 자애(慈愛)도 지박의 조건에는 매한가지다. 무슨 말인고 하니, 어떤 어머니가 자기 자식을 한 번 더 자기 품에 껴안고 싶은 마음이 너무도 간절할 때는 복수를 욕구하는 사람과 매한가지로 죽은 뒤에 잠시 어떤 곳에 자주 나타난다는 것이다. 양자(兩者)는 다같이 마음 속에서 '스트레스'의 영향을 받고 있다.

그래서 그들은 의식이 있을 때(즉, 비의식이 그 스트레스에 유의하고 있을 때와, 그것이 때때로 그렇듯이 의식적 암시를 무시할 때)도 그렇게(지박하게) 될 뿐만 아니라 의식이 없을 때나 꿈을 꾸는 상태에서도 그렇게 되는 것이다.

내가 알고 있는 어떤 예에서는 할머니가 자기 손자들을 지극히 사랑하다가 죽었는데, 죽은 후에도 몇 달 동안은 계속 찾아왔다.

더구나 그 할머니는 죽기 전에 얼마동안 정신 이상이 되었었다. 몇 달 동안을 나타나므로 그 가족 중의 한 사람이 그녀와 통신을 하게 되었는데,

"도대체 무엇때문에 여기에 자꾸 오셔서 서성거리시는 겁니까? 우리를 괴롭히면서……"

하고 물으니, 이 노인은 독일어 사투리로 대답하기를,

"내가 오랫동안 여기에 와 있은 줄 몰랐다. 손주들이 잘 있나 보고 싶어서 왔드랬는데, 그럼 돌아가마."
하는 것이었다.
그래서 지상의 통신자는 그녀를 교화하여 속세적(俗世的) 욕구와 버릇을 버려야 한다고 말하였더니 그 후부터 그 할머니는 더 이상 나타나지를 않았다. 이것이 애정의 욕구가 스트레스가 되어 유령을 나타나게 한 예이다.
죽은 사람이 유체로 다시 살아 온 예를 하나 더 든다면, 여기 이러한 기록이 있다.
영국의 브리스톨 근처 어떤 방앗간으로 가는 길 위에서 두 남자가 싸움을 했었다. 아주 지독한 싸움이었는데, 그들은 서로 치고 받고 넘어 뜨리고 하다가 급기야 한 쪽이 상대방을 죽여버렸다.
여러 달이 지난 후, 매일 저녁 같은 시간(실제 죽음이 발생했던 그 시간)에 죽은 사람은 되풀이 하여 나타나 싸움과 죽음을 재현하는 것이었다(그것은 바로 내가 밤이면 몇 번이고 감전 사고를 재현했던 것처럼). 그는 얼마 동안을 가상(假想)의 적(敵)과 치고 받고 하다가는 얼마 후에 살아지곤 했다.
이 광경을 조사한 사람들은 그 사람이 꿈을 꾸고 있는 것 같다고 했다. 그러나 그는 때때로 의식이 있는 보통 사람처럼 사람들과 논리정연하게 대화를 하기도 했다. 이것이 그를 목격했던 많은 사람들을 의아하게 만들었다.
왜냐하면, 나타난 존재(유령)가 알아듣고 이야기 할 정도로 의식이 있는 것으로 보아서는 그가 꿈을 꾸고 있다고는 판단을 내릴 수 없었기 때문이다. 그러나 이것은 크게 잘못 알고 있는 것이다.

그럴 때, 그 존재를 컨트롤하는 것은 비의식이다. 비의식은 의식이 꿈을 꾸고 있는 동안 이야기를 시키기도 하며 질문에 대답도 하게 한다.

한편, 그 존재에도 의식이 있을 수 있고, 비의식의 지배하에 있을 수도 있는데, 이 때의 비의식은 그 사람의 의식적 암시를 받아들이지 않고 잠재의식의 스트레스에 유의(留意)하게 된다. 그러나 이러한 일은 여간해서 일어나지 않는다.

설사 비의식이 꿈의식으로부터 암시를 받는다 하더라도, 피험자(이탈자 혹은 유령)가 의식이 없거나, 꿈의식 상태에 있을 때 비의식은 피험자를 언제나 컨트롤한다는 것은 이미 말했다.

우리가 어떤 지박(地縛) 상태를 하나 보았을 때는 언제나 거기에는 피험자의 의식이 정상적으로 작용하고 있지 않고 비의식이 그를 컨트롤 하고 있는 상태임을 알아야 된다.

아마도 여러분은 이 말을 믿으려 하지 않을 것이다. 그러나 좋다. 우리는 그것을 증명하기 위하여 유체이탈까지 안 해도 된다.

이미 나는 유체적 몽유와 육체적 몽유의 유일한 차이는 후자에 있어서, 그 육체가 잠재의식, 즉 비의식의 지배하에 있는 유체에 고착(固着)되어 있다는 점이다.

그런데 여러분이 몽유자를 만나 말을 걸면, 몽유 상태에서 논리에 맞게 말을 하는 사람을 볼 것이다. 그를 깨워 자기가 한 말을 기억하는가 물어보면, 실제 그는 언제나 '모른다'고 말할 것이다. 그러나 그는 이치에 맞게 말을 했으며, 본능적으로 명료하게 행동을 했던 것이다(본능은 비의식에서 나온다). 그러므로 여러분이 대화했던 것은 결국 그의 현재의식이 아니었다.

이상을 납득하고 비의식에 영향을 주는 것은, 횡사에서 오는 공포에 의한 인상(印像)이라는 것을 알 경우, 왜 이탈자나 유령이 한 장소에 자꾸만 나타나는가 하는 문제가 자연히 이해될 것이다.

엑토플라즘을 이용하여 인간과 다름없는 유령을 만들 수 있다.

제14장
유체의 구성과 상념의 영향

1. 비의식 의지와 현재의식 의지

비의식과 염동작용(念動作用)

유체이탈을 객관적으로 증명하기란 극히 어렵다. 대부분의 사람들은 생각하는 것보다도 훨씬 어렵다는 것을 알아야 할 것이다.

일단 유체가 이탈되어 나와, 의지의 힘으로 물질체를 움직일 수 있다는 생각이 이론적으로는 옳지만, 실제적으로는 대단히 많은 차이를 가지고 있다.

어떻게 물질체가 이탈자에 의해 움직여질 수 있는가를 간단히 설명하기 전에 나는 여러분의 이성에 다음과 같이 호소하고자 한다.

지난 해에 얼마나 많은 사람들이 죽었는가? 이 죽어서 유체가 될 수만명이, 자기와 절친했던 이 세상의 친구와 통신을 하려고 애쓸 때, 그들이 현재의식의 힘을 사용하지 않는다고 주장할 만큼 그렇게 부조리한 사람이 있을까?

그것은 유체 상태에서 의식이 들었을 때, 유체들이 가장 우선적으로 시도하고자 하는 일이다. 그러나 유체가 물질체를 성공리에 움직였다는 기록은 매년 얼마나 되는가? 거의 없는 것이다.

그러고 보면, 의식적 유체이탈자에 의하여 모든 종류의 물질적 현시(顯示)를 기대함은 불합리하지 않을까? 그러나 사실 유체적 존재들에게 물질체가 무형(無形) 무실(無實)이라는 것을 알고 있는 사람은 별로 없다.

실험자들까지도, 유체가 육체(합치점)로부터 6인치 이탈하였을 때보다 2피트 이탈했을 때가 더 고율(高率)로 진동한다는 것을 알고 있는 사람은 별로 없다.

그러나 그것은 사실이어서 합치점으로부터 3피트 이탈하면 한층 더 고율로 진동한다. 만일 그렇지 않다면 유체적 존재는 지상의 존재들을 통과할 수가 없을 것이다. 혹시 여러분 중에는,

"허지만, 유체는 육체를 통과하는데……"

하고 말할 사람도 있을 것이다.

그러나 기다려라. 만일 결합하고 있는 유체가 이탈한 유체와 똑같은 비율(比率)로 진동한다면, 유질체가 서로 결합하고 있는 물질체를 통과하려고 할때 그 양체는 충돌하게 될 것이라는 생각을 해본 일은 없는지? 만일 유체가 그 진동율을 높이지 못한다면, 육체와 일치해 있는 유체를 통과할 수 없을 것이다.

한편, 의지력(意志力)은 물체를 움직이게 하는 데 있어 숨은 요인임을 부인할 수 없다. 그러나 그것은 현재 의식의 의지가 아니라, 비의식인 무의식의 의지이다. 아마도 영(靈)이 발달한 후에는 이 비의식 의지를 능숙하게 다루는 방법을 알게 될 것이다. 그러나 일시적으로 이탈하는 유체로서는 문제가 다르다.

그런데, 왜 비의식은 보다 자주 물질적 현시를 일으키지 않는가? 사실 모든 물질적 현시가 전부 비의식 의지에 의해

서만 일으켜지는 것이 아니라, 이 비의식이 어떤 '힘'을 작용시켜야 일어나는 것이다. 의지만으로 물체를 움직인다는 것은 불가능하다. 의지가 작용하여 움직이게 하는 것은, 어떤 '힘'이다. 비의식이 어떠한 결정적 방법으로 '힘'에 작용하는가는 알 길이 없으나 여하간 우리는 그러한 힘이 존재한다는 것은 알고 있다.

우리에게 의식이 있으며 동시에 충동력의 지배하에 있을 때, 우리는 탁자에서 컵을 내려치려(말하려)고만 할 수도 있고, 하려 했던 대로 충동력에 의해 주먹으로 컵을 내려 칠 수도 있을 것이다. 이때 우리는 '힘'을 써야 한다.

우리의 의지만으로는 행위를 실행할 수 없다. 이로 미루어 보아 '힘'은 우리 내부의 정신적 과정을 거쳐 분명히 나타나는 것이다.

비의식에 있어서도 마찬가지로, 의지는 물체를 움직이기에 앞서 힘을 조종함에 틀림없다. 그런데, 이탈자나 유령에게서 별로 영향을 받지 않는 비의식이 약하게 의지(意志)하면 '힘'은 약하고, 비의식이 강하게 의지(意志)하거나 과도(過渡)하게 의지하면 작용하는 힘은 강해진다. 그리하여 이 힘이 물질체들을 움직인다.

어떤 사람이 물질체를 움직일 만큼 현재(顯在)의식의 의지를 발달시킨다는 것은 가능하다고 생각한다. 그러나 일반적으로 비의식 의지는 현재의식 의지보다 훨씬 힘이 강하다.

여기에서 이러한 힘은 어떻게 하여 강해져 오는가 하는 의문이 생길 것은 당연한 일이나, 우리는 확실히 알 수가 없다. 만일 이 힘이 원자 및 전자(電子)로 구성되어진다고 생각한다면 힘에 대한 원자적인 구조에 변화가 올 것이라는 이론은 진보적인 생각인지도 모른다.

제14장 유체의 구성과 상념의 영향 213

또 하나 우리가 생각할 수 있는 것은, 비의식 의지의 어떤 행위에 의하여 유체의 원자 구조가 보다 강해질지도 모른다는 것이다. 내 자신이 관찰한 바로는, '확고한 비의식 의지'는 유체를 보다 '강하게'하는 경향이 있었다. 한편 많은 염동작용(念動作用) 현상은 유질의 '역선(力線)'을 따라 전달된 영매가, 자신의 충동력에 의해 생겨난다는 것이다. 이 충동력이 혼줄의 활동 범위 내외에서 어떻게 바뀌는가에 대한 것은 이미 전에 검토한 바 있다.

유체이탈자에 관한 한, 비의식에 의하여 동시에 조절되지 않으면, 현재의식에만 의지하여 그가 물체를 움직일 기회는 극히 드물다. 그러나 비의식이 확고하면 현재의식의 의지는 여간해서 비의식에 영향을 줄 수가 없다.

또한 비의식이 확고하지 않은 때라 할지라도 일반적으로 비의식은 현재의식의 암시에 반응하지 않는다.

나는 의식 이탈 중, 여러 번 물체를 움직여 보려고 했지만 잘 되지 않아 짜증스러웠었다. 나로서는 이 실패가 가장 안타까운 것이었다.

솔직히 고백하자면, 나는 이탈 중 한 번도 그 때 의식에 의해서는 물체를 움직여 보지 못했다. 그러나 최근에 와서 비의식에 의하여 꽤 무거운 물체를 움직인 경험이 여러 번 있었다(이 경험에 대하여는 잠시 후에 설명하겠다).

유체이탈자, 영매 및 유령 등은 자기들이 알든 모르든 비의식의 의지에 의하여 물체들을 움직일 수 있으며, 또 움직이고 있다는 것이 나의 주장이다.

피험자가 유체이탈을 한다면, 현재의식의 의지로는 꿈쩍도 않던 물체가 꿈속에서 움직여질 수도 있다. 그럴 때, 비의식이 완전히 유체를 조절하고 있기 때문이다.

나는 우리 집에서 물체를 움직이는 꿈을 꾸었는데, 눈을 떠보니 물체가 옮겨져 있던 일이 두 번 있었다.

번스 박사는 꿈 속에서 어떤 신사가 먼 곳에 있는 집의 문을 너무 강하게 밀었기 때문에, 그 방안에 있던 사람들은 그 압력을 실제 당해내지 못했었다는 이야기를 하고 있다.

특히 제 정신이 아닐 때, 비상한 힘이 나오는 것을 우리는 흔히 보게 된다. 정신 이상자가 초인적인 힘을 내는 경우도 있다. 이것은 의식이 균형을 잃으면 비의식이 작용하기 쉽기 때문이다. 이 원리는 '힘'이 비의식의 의지에 의해 나와서 물질적 현시를 만드는 경우와 같다.

'유령'이 욕구나 습관의 스트레스 하에 있는 경우, 만일 이 스트레스가 지나치게 쌓였을 때 비의식의 의지는 힘을 작용시켜 자신을 물질화 하거나 다른 물체를 이동시키기도 한다.

요컨대, 비의식의 교묘한 성질과 힘을 다루는 법을 안다면 영혼(靈魂)이 소란을 부리는 현상을 이해하기란 훨씬 쉽다 하겠다.

내가 물체를 움직였던 유체이탈

이 체험담은 1928년 2월 26일 저녁에 일어났던 일이다. 나는 한동안 심한 위장병으로 고생하고 있었다. 나는 혼자서 아랫층에서 자고, 나의 어머니와 작은 동생은 윗층 침실을 쓰고 있었다.

그날 저녁 11시 반에서 12시 사이에 갑자기 위장에 평소와 같이 심한 통증이 왔다. 통증의 괴로움을 혼자서 이겨낼 도리가 없어서 몇 번이나 어머니를 불렀다.

어머니는 곤히 자고 계셨으므로 내가 부르는 소리를 듣지 못하였다. 몇 분 동안을 계속 부르다가 나는 침대에서 내려와 마루를 통해 응접실로 기어가려고 했다.

그곳이 윗층 계단으로 통해 있어서 그곳에서 소리치면 어머니가 깨실 것으로 생각했기 때문이다.

나는 간신히 침대에서 내려와 응접실로 향했다. 그러나 통증이 너무 심해 거기에 이르기도 전에 엎어졌다.

나는 곧 다시 의식을 회복한 다음, 있는 힘을 다하여 약 1~2미터를 간신히 더 나아갔다. 그러나 나는 근 한 달 동안을 침대에 누워 있었기 때문에 나로서는 힘이 딸려 다시 기절해 버렸다.

내가 나의 몸을 떠나 의식이 깨었을 때는 나는 비의식의 지배하에서(즉, 나로서는 아무런 지시도 노력도 없이) 계단을 올라가고 있었다. 이때의 비의식의 의지는 매우 확고했었다. 그것은 내가 일찍이 경험하지 못했던 것이었기 때문이다.

즉, 나는 자연히 나의 육체가 보고 싶었다(그것은 사람들이 유체이탈을 했을 때, 언제나 우선적으로 하는 일이다). 그러나 이때 나의 의식은 조절하는 '힘'에 영향을 주지 못했다.

계단을 다 올라 가서 나는 어머니의 방 벽을 통과하여 어머니를 봤다. 또 침대에 누워 곤히 자고 있는 작은 동생도 보였다. 이때의 인상은 아주 명료했다. 그런데 바로 이때 나의 의식에 공백이 생겨 났다.

다시 의식이 깨었을 때 나는 침대 옆 근처에 서 있다는 것을 알았다. 의식이 공백 상태인 동안에, 나의 동작이 어떠했는지는 정확히 알 수가 없었다. 그러나 깨어보니 그들 둘(어머니와 동생)이 혼란에 빠져 있음을 알았다.

즉, 어머니는 침대 언저리 마루 바닥에 서 있었고, 동생은 침대에서 떨어져서 두 사람은 흥분하여 소리치고 있었다. 잠자고 있는 중에 침대의 요가 번쩍 위로 치켜올라가 자기들이 침대에서 굴러 떨어졌다는 것이었다.

　이 모든 것은 분명했다. 나는 육체 상태에 있을 때나 마찬가지로 의식이 있었다. 이윽고 나는 그 방에서 사라져 나의 육체 속에 나선형 모양으로 끌려 들어가는 것이었다. 이렇게 결합할 때 나는 의식있는 반동을 경험했다.

　즉시, 나는 어머니를 큰 소리로 다시 불렀더니, 어머니는 허겁지겁 달려왔는데, 사실 너무 흥분한 나머지, 내가 침대에서 나와 마루바닥에 쓰러진 것도 전혀 모르고 소리치기를,

　"유령들이 요를 들어 올려서 침대에서 굴러 떨어졌다!"

　는 것이었다. 그리고 또 말하기를,

　"그들이 한 번만 그런 것이 아니라 몇 번을 계속해 아주 무서워 혼났다."

　라고 고백했다.

　이러한 일들이 한밤중에 일어날 수 있다면(그리하여 피험자 자신이 실제로 그런 일에 개입하고 있음을 볼 때), 얼마나 많은 유사한 사건들이 죽은 사람으로 인해 일어나며, 유체이탈한 사람으로 인해(지나치게 강한 비의식의 지배하에서, 그러나 피험자에게 의식은 없이) 일어나는지 나는 모른다. 그러나 이 비의식에 의한 것도 틀림없이 많으리라고 생각할 뿐이다.

2. 꿈속에서 낸 고음(叩音)

　1928년 3월 17일 밤, 나는 홈(Home, D.D.)의 육체 부양(浮揚)능력에 관한 책을 읽고 있었다. 읽던 도중 나는 이것을 마음에 둔 채 잠이 들었다. 새벽녘에 꿈을 꾸었는데, 나는 홈을 만나 육체 부양에 대하여 이야기를 주고 받으며 거리를 걸어가고 있었다.
　우리는 아주 친한 친구가 되어 친한 친구들이 흔히 하듯이 그렇게 이야기를 주고 받았다. 나는 그에게 말하기를,
　"여, 홈! 정말 자네 육체를 떠올렸다지? 그것을 어떻게 하는지 가르쳐 줄수 없겠나? 나도 남들에게 해 보이게!"
　이로 인하여 나는 홈이 나에게 실험(공중으로 떠올랐다가 나중에 다시 땅으로 되돌아 오는)을 해 보이는 꿈을 꾸었다. 그는 바로 그 방법을 나에게 설명해 주었다. 불행히도 나는 그가 했던 말을 지금은 다 잊어버렸다. 하여튼 나는 그가 하라는 대로 해 보았다. 그러나 나는 사람이 왕래하는 길거리로 거꾸로 나가떨어졌다.
　내가 일어나자 그는 나에게 다시 가르쳐 주었다. 이윽고 나는 공중으로 올라가고 있음을 느낄 수 있었다. 그것은 아주 실감이 났는데, 얼마 후 의식을 깨어 보니 이탈이 되어 있었다(전에 말한 바와 같이, 하늘을 날으는 꿈이 이탈을 가져

왔듯이).

　나의 육체는 침대 위에 누워 있었으며, 그리고 흠도 없어지고 다른 사람들도 아무도 없었다.

　나는 계단을 올라가 윗층 방을 통하여 식구들이 자고 있는 것을 보았다. 그래서 나는 다시 아랫층으로 내려와 나의 유체의 손으로 육체를 만져 보려고 했다.

　이것은 나의 친구 하나가 어떠한 반향(反響)이 생기는가를 알아 보기 위하여 나에게 해 보라고 했던 것이다. 그러나 나는 실패했다. 왜냐하면, 내가 1미터 쯤 육체 쪽으로 다가가자 저절로 통제력을 잃어 유체와 육체, 양체가 결합해 버렸기 때문이었다.

　나는 얼마 동안 잠이 깨어 누워 있었는데 시계가 3시를 치는 소리가 들려 이내 다시 잠이 들어버렸다. 그후에 다시 나는 꿈을 꾸기 시작했다.

　이번엔 우리 집 뒷마당을 왔다갔다 하는 꿈이었다. 꿈속에서도 나는 내가 꿈을 꾸고 있다는 것을 알고 있었다(이런 일은 사람들이 꿈 조절을 연습한 후면 흔히 가능한 일이다).

　커다란 6백갤런 짜리 기름통을 하나 집에다 구해다 놓았는데, 나는 이 통에 올라가 그 위에 놓인 망치로 그 기름통을 후려치기 시작했다(이것은 꿈이라는 것을 기억하라). 그 두들기는 소리가 의외로 너무나 커 나 스스로도 놀랬던 모양이다. 그 후 기억나는 것은 내가 집의 벽을 통과하여 육체 상태에서 의식을 깬 것이다. 의식이 깨었는 데도 여전히 통으로부터 후려치는 소리의 반향이 들려 왔다. 다른 세 사람 역시 기름통 두드리는 소리를 들었다고 증언했는데, 그들은 제각기 말하기를 꼭 누군가가 망치로 통을 때리고 있는 것 같아서, 보았더니 그 근처에 아무도 없었기 때문에 놀랬다는 것이다.

여러분이 현재의식의 의지에 의해 비의식의 의지를 일깨워 보면 그것이 얼마나 어렵고 힘이 드는가를 알게 될 것이다. 그렇기 때문에 여러분은 그러한 짓을 잘 안하게 된다.

수동 의지를 쓰는 방법은 훨씬 쉽게 비의식의 의지를 자극시킨다. 유체이탈에서 능동 의지를 쓰는 방법이 실패했을 때라도 종종 수동 의지를 쓰는 방법이 성공을 하는 이유가 바로 여기에 있다. 물론 반복하는 것(예를 들어 버릇을 들이는 것)은 비의식 의지를 자극시키는 또 하나의 방법이다.

몸이 공중에서 곧바로 서게 될 때 수직(垂直)부양이 일어난다. 홈은 육체 상태로 지상 70피트의 공중에 떠가지고 한 쪽 창으로 나가 다른 쪽 창으로 들어왔다고 한다.

그를 현장에서 목격한 세 사람은 모두 명예가 있고 평판있는 사람으로 던레이븐 백작, 린드세이 경(卿) 및 윈 대령이었다.

윌레스는 이것을 '현대의 기적'이라고 했으며, 아이더 코난 도일 경(卿)은 홈이 시범을 보인 것은 초상적(超常的) 취미와 대단히 관련이 깊다고 말한 바 있다.

윌리엄 크루크스 경은 홈의 단독 부양을 여러 번 보았으며, 슈렝크 낫씽은 지난 심령대회에서 한 독일 청년이 요가의 수행을 통해 육체적으로 27회나 부양되었다는 논문을 발표하기도 했었다.

유체의 섹스

나는 여러 번, 그것도 보다 잘 알고 있어야 할 강신술자(降神術者)들로부터, 사람은 유체상태에서 성기(性器)를 가지고 있는가, 안 가지고 있는가 하는 질문을 받았다.

물론 가지고 있다. 이러한 문제를 다루는 것은 거의 시간 낭비일 것이므로 생략하겠는데, 반복적으로 말하거니와 유체는 육체와 똑같은 복사체(複寫體)인 것이다.

육체는 우리가 따라야 하는 물질적 법칙에 의해 형성되어 있으며, 그 영향 밑에 있다고 우리는 알고 있다. 이것은 사실 (유체는 육체와 꼭같은 복사체)이며, 육체가 유체에게 진정한 형체를 주는 것도 명백하다. 확실하지는 않지만, 이것은 (우리의 영혼을 모양짓게 하기 위한) 육체의 목적일 것이다.

그리스도는 '몸은 영혼의 성전(聖殿)'이라고 말했다. 앤드루 잭슨 데이비스(Andrew Jackson Davis)도 비슷한 생각을 가졌던 것 같다. 왜냐하면 그는 《조화(調和)의 철학》에서 이렇게 썼기 때문이다.

"인체는 모든 유기(有機) 자연의 결실이며, 영체(靈體)는 외부체(外部體)에 의해 모양지워진다. 육체는 모든 물질의 집결이며 영혼은 모든 힘의 유기적 결합이다……나의 뜻은 영혼이 창조되어지는 것이 아니라 그 구조가 외체(外體)에 의해 형성되어진다는 것이다……'마음 그 자체는 물질의 창조나 목적이 아니며, 정신 조직은 물질 정련(精鍊)의 결과이다. 육체적 골격은 정신적 골격을 만드는 것이며, 육체적 근육은 정신적 근육을 만드는 것이다. (본질이 아니라 형태를……) 육체적 귀는 정신적 귀로 말미암아 생명이 주어진다. 다시 말해서 모든 외부체(外部體)는 불멸한 것의 표상이다……."

여기에서 여러분은 유·육 양체의 상호 관계에 대하여 데이비스와 같은 생각을 할 것이다. 육체는 물리적 법칙에 의해 그 형태에 영향을 받는다. 그런데, 만일 유체가 정확한 복사체라면 유체 역시 똑같은 물리적 법칙에 의해 그 형태가 영향을 받음에 틀림없다.

만일에, 그렇다면 이 이론은 다 자라기 전에 죽은 존재들의 모양과 형체는 설명하지 못할 것이다. 그러므로 하나의 존재는 육체와 관계없이 유체적으로 형성되어질 수도 있다는 주장을 우리는 받아들여야 할 것이다.

유체(幽體)의 구성

내가 유체이탈을 했다는 말을 들은 사람들 중, 많은 이들이 나에게 자주 질문하는 또 한 가지는, '유체는 무엇으로 되어 있는가' 하는 것이다. 그래서 내가 모르겠다고 솔직하게 말하면 나를 모두가 비웃는다.

그러나 나는 육체가 무엇으로 되어 있는가 조차도 모르는 것이 사실이므로, 유체를 공부하기 보다 육체를 더욱 연구할 기회를 끊임없이 가져 왔다.

유체가 무엇으로 되어 있는지를 모르는 것은 참으로 애석하기 짝이 없다. 그러나 그것은 다른 사람들도 마찬가지로 모르는 것 같다.

어떤 사람은 그것을 '유동성 복제(流動性 複體)'라고 했으며, 롯지는 그것을 '에테르 성(性)'이라 했다. 현재로서 공통된 견해는, 그것이 물질과 다르지는 않다(차이는 그들 원자의 배열 뿐이다)는 것이다.

나 역시도 언제나 그런 생각이었다. 예를 들어, 헨리 린들라 박사가 쓴 책을 읽어보자.

"이 생명력은 모든 에너지의 근원입니다. 그로부터 모든 다른 종류의 에너지와 다른 형태의 에너지가 나옵니다. 그것은 육체나 음식물과는 별개입니다. 마치 전기가 열과 빛을 내는 유리 전구나 탄소사(炭素糸)와는 별개인 것과 똑같습니다. 백열전구가 깨지면 빛을 발하지는 못하지만 그 이면에 흐르고 있는 전기량은 감소되지 않습니다. 그와 똑같이, 만일 육체가 '죽더라도' 생명 에너지는 육체와 똑같은 복사체인 영질체(靈質體)를 통하여 감소됨이 없이 계속 작용하는 것입니다. 그러나 그것의 원자나 분자는 물질체의 그것보다 무한히 정화(精華)되고 무한히 더 큰 속도로 진동합니다. 이것은 이론에 의한 판단문제일 뿐만 아니라 증명된 자연 과학적 사실입니다…… 우리는 앞에서의 주장 등으로부터 다음과 같이 결론을 내립니다── 현대 과학은 2천 5백년 전에 '모든 물체는 세 가지 요소, 물질·운동 및 수(數)로 되어 있다'고 가르쳤던 피타고라스의 지혜를 증명하고 있습니다. 현대과학에 따르면, 피타고라스의 '물질'은 만유(萬有)의 에테르에, '운동'은 전기에, '수'는 원자 속의 전자수와 분자 속의 원자수 등에 해당됩니다."

그러나 현재는 유체의 정확한 성분이 무엇인가에 대하여 확실히 알려지지 않았지만, 대부분의 초자연주의자들은 이 흥미있는 문제를 과학이 해결할 때가 박두했다고 보고 있다. 그것도 많은 사람들이 생각하듯이 의식적 유체이탈을 했을 때 이탈자가 관찰한 것만으로가 아니라, 실험실에서 해결될 것이 틀림없다.

유체의 중량(重量)

수년 전 파리에서 열렸던 국제초상주의자(超常主義者) 대회에서 인간의 영혼의 무게는 벼룩의 수염 정도밖에 안된다고 누군가가 해학적으로 말한 적이 있다.

　유체의 무게에 대하여는 신비주의자들 간에 의견이 일치하지 않고 있다. 나로서도 결코 유체의 무게가 어느 정도라고 확정된 것으로는 생각지 않는다.

　앤드루 잭슨 데이비스는 그것이 약 1온스 정도가 되는 것으로 생각했다. 또 다른 사람들은 무게가 없다고도 말하고 있다. 그러나 그것이 물질인 이상 유체는 약간의 무게가 있음에 틀림없다.

　이에 관하여 네덜란드 헤이그의 물리학자 말라 박사와 쟈르베르그 봔 젤스로 박사가 유체의 성분과 구조에 대하여 밝힌 실험을 검토해 보기로 한다.

　그들은 다이나미스토그래프(Dynamistograph)라는 상당히 복잡한 기계를 만들어 가지고(그들은 그렇게 주장했다) 전혀 영매를 두지 않고 영계와 직접통신을 할 수 있었다. 바꾸어 말하면, 그들은 이 기계를 방에다 설치하고 벽에다 뚫어 놓은 조그만 유리창을 통해 그 기계의 행동을 관찰하였는데, 이 기계가 분명한 영체(靈體)에 자극받아, 글자로 된 다이얼에 의하여 기계 꼭대기에 글씨를 만들어 갔다.

　이 실험에 대하여 불란서어로 쓴 책 《죽음의 미스테리》에서 그 일부를 발췌해 보기로 한다.

　물리학자인 그들은,

　"유체의 물리적 및 화학적 구조와 성분, 즉 분자의 배열 및 활동을 연구·실험하고, 가능하다면 우리들이 다른 물체들에 하는 것처럼 그 정확한 성분을 알아내자."

　고 다짐했었다. 이리하여 오랫동안 여러 가지 실험을 거친 결과 얻어진 결론은 다음과 같았다.

　"몸통은 그 의지(즉 유체의 의지)의 활동에 따라 수축(收

縮)하고 팽창할 수 있는데, 팽창도는 약 1.26미리, 즉 그 자신의 크기의 약 4천만분의 1이고, 그 수축도(度)는 **훨씬** 낮아 약 8미리, 즉 자기 크기의 625만분의 1이다. 그의 비중은 약 12.24mg으로 수소보다는 가벼운데, 그것도 공기보다는 176.5배 가볍다. 이것을 구성하고 있는 원자는 극히 작고 널리 퍼져 있으며 무겁다. 이 몸통의 내부 밀도는 외부 공기의 밀도와 거의 같다. 만일, 주위나 외부 공기의 압력이 증가하면 그 내부의 압력도 정비례하여 증가한다…… 이것의 무게 또한 계산되었는데, 약 69.5g, 즉 2 $1/4$ 온스로 밝혀졌다."

이 결과는 몇년 전 매사추세츠, 헤이버힐의 단칸 맥그도우갈 박사가 과학적으로 실험한 결과와 거의 일치한다. 그는 폐결핵으로 죽어가는 사람들을 그들이 죽는 순간에 측량해 보았다.

그는 세밀한 저울에(침대와 함께 측량되도록) 환자를 나무침대에 눕혀 올려 놓았다. 그리하여 죽는 순간에 저울 눈을 보았다.

이때 나타난 차이를 계산하였는데, 6가지 예 중 4는 2~2 $1/2$ 온스가 되었다. 이것은 유체가 어떤 의미에 있어서는 물질(매우 희박한)이라는 것을 우리에게 보여 주는 것이라고 생각할 수 있다.

유체의 의복

죽은 사람의 유체와 산 사람의 유체는 여러 번 사람들의 눈에 띄었다. 그런데 자주 회의론자들에 의해 거론되는 부정적인 논증(論證)은 유체가 옷을 입었다는 것이다(본 사람들은 보통 유령이 옷을 입었더라고 한다). 그리하여 그들은 말하기를, 그것은 하나의 환상(착각)일 뿐이라고 주장한다.

　왜냐하면, 유체가 육체와 똑같은 짝(복사체)이라면 물질로 된 옷을 입을 수 없기 때문이다. 따라서 많은 회의론자들은 만일에 유체가 나타난다면 발가벗었음에 틀림없다고 주장한다.

　이 유체의 옷 문제에 대해 내가 어떠한 대답을 줄 수 있는가를 때때로 물어오는 사람들이 있는데, 나는 처음부터 별로라고 하는 수밖에 없다. 내가 관찰했던 바를 알려 줄 수 있을 따름이다.

　내가 그에 대해 모르는 것은 역시 내가 육체나 유체에 대해 모르는 정도와 같다. 그러나 나에게 한 가지만은 분명한 것이 있다. 그것은 유체의 옷이 물질 옷의 복제품(複製品)이 아니라 창제(創製)된다는 사실이다. 그러면 옷이 어떻게 창제되어지는가?

　나는 이탈중에 옷을 입고 있을 때는 언제나 스스로에게 옷은 무엇으로 만들어졌는가, 어디서 왔는가, 어떻게 만들어졌는가, 모양이 어떻게 생겼는가를 철저히 분석해 보았다.

　나는 육체와 똑같은 또 하나의 유체가 마련되는 과정을 보고 싶었다. 그리하여 열에 아홉 번은 유체 상태에서 의식을 하여 보았지만 모든 것이 완전히 복제되어 나오기(똑같이) 때문에, 육체에서 빠져 나와 있음을 알 수가 없었다. 그러다가 내가 움직이기 시작하여 나의 주위에 있는 물체와 접촉하게 되면 비로소 이탈한 것을 알게 되었다.

　만일 죽은 모든 사람들이 증언할 수 있다면, 그들 대부분은 유체로서 깨어 보니 자기들이 육체 상태 그대로 있다는 생각이 들더라고 말할 것임에 틀림없다.

　이것은 물질 세계가 얼마나 완전히 유체 세계와 똑같이 복제(複製)되어 있는가를 우리에게 보여 주는 것이다.

우리의 온갖 생활의 특색은 유계에서 확립된다. 그것이 유계의 불가사의한 점이다. 만일 어떤 사람이 대중(大衆)으로부터 떨어져 살아 왔다면, 의식이 각성되어 처음으로 살게 됐을 때도 자기가 똑같은 상황에 처해 있는 것을 보게 될 것이다.

내가 생애의 대부분을 대중과 사귀지 않고 지냈다면, 내가 유계에서 깨었을때도 똑같은 상황에 놓여져 있어, 여간해 사람을 만나지를 못한다. 독자들에게는 이것이 이상하게 생각되겠지만 그것은 사실이다.

이것은 일생 동안의 습관이 유계에서도 어떻게 계속되어지는가를 보여주는 한 예에 불과하다. 그밖에(일시적 또는 영구적) 이탈할 때 확립되어지는 복제도 있다. 이 때, 피험자는 의식이 깬 후 비로소 모든 것이 복제되어 있음을 알게 된다.

이 복제의 범주에 들어가는 것이 유체의 의복이다.

나의 육체가 어떠한 복장을 하고 있다면, 대체로 나의 유체도 같은 복장을 하고 있다는 것을 나는 알았다. 나는 대체로 라고 말했거니와, 거기에는 많은 예외가 있기 때문이다 (이것은 조절의 이지체(理智體)가 기묘함을 증명한다).

어떤 때 유체는 얇고 속이 비치는 흰 옷을 입을 때가 있다. 이것은 전혀 이상할게 없다. 아마도 그것이 왜 '유령'들은 변함없이 흰 의상을 입고 나오는가 하는 이유가 될 것이다.

때로는 이 유체의 의복이 관찰자들로 하여금 오오라(후광)로 오해되기도 하고 때로는 오오라가 이 흰옷으로 오해되기도 한다. 그러나 거기에는 구별이 있다. 어떤 사람은 유체 상태에서 발가벗을 수도 있는데 그때에는 오오라가 옷의 역할을 한다. 실상 옷은 오오라로부터 이루어진다는 게 내 생각이다.

어떤 사람들은 유체이탈이 되어 의식이 깨었을 때, 발가벗고 있으면 부끄럽지 않을까 걱정을 하는데 그것은 염려할 필요가 없다. 왜냐하면 그의 오오라가 자기를 둘러싸고 있고, 자기가 입을 옷을 생각하면, 생각하자 마자 자기의 상념(想念)이 이미 자기의 옷을 만들어 물질화 되어 있음을 발견하게 될 것이기 때문이다.

유계(幽界)에서는 상념이 창조인 것이다. 때문에 어떤 사람은 자기의 마음먹기에 따라 어떤 사람 앞에도 나타나게 된다. 정말 전(全)유계는 상념에 의하여 지배되고 있다.

옷은 창제되어진다. 그에 대하여는 의문의 여지가 없다. 그것은 상념의 형태가 창조됨에 따라 마음의 심층부에서 만들어지는 것이다.

나는 내가 이탈중에 결합 상태를 벗어나는 순간에 몇 번 옷을 입고 있었던 때가 기억난다. 내가 유체이탈을 할 때 나의 어머니가 때때로 목격했었다.

어떤 사람은 발가벗은 영혼은 없다고 주장을 한다. 그것은 어리석은 주장이다.

영혼은 관습에 따라 그것도 자기들이 살았던 지리적 위치에 따라 옷을 입는다. 우리는 이 지상계(地上界)에서 발가벗었거나 슬쩍 걸치기만 하고 있는 종족을 본다. 마찬가지로 우리는 유계에서도 그런 사람들을 볼 수 있다.

생각하는 대로 된다

위에서의 모든 것이 나로 하여금 다른 어떠한 것을 한가지 생각하게 한다. 유계에서는 모든 것이 상념, 즉 이탈자의 마음에 의해 지배되는 것이다. 그래서 우리들이 생각하면 그대로 된다.

그러므로 나는 다시 이렇게 말할 수 있다——누가 마음속에 무엇을 두고 있다면 그가 유체이탈을 했을 때 실제로 그렇게 된다.

여러분이 의식적으로 이탈하기를 항상 원하고 있으면, 나중에 여러분의 생각대로 되어 있는 것을 보고 스스로 놀라게 될 것이다.

연 옥(煉獄)

유계(幽界)가 놀라운 것처럼 생각될지 모르지만, 그것은 어떤 의미에 있어서 '엉망'이다. 두 사람이 똑같은 경험을 하지 못하는 이유가 여기에 있다. 왜냐하면, 어떤 경우, 즉 어떤 특수한 마음의 상태에서는 진(眞)이던 것이, 다른 경우, 즉 다른 정신 상태에서는 전혀 다른 것이 되기 때문이다.

마음이 그 자신의 환경을 창조하지만, 그 환경은 현실적이다. 이 상태는 막연히 계속될 수 있는 것이 아닐 것이므로 그것은 일종의 지옥이다(그곳에서). 우리는 올바르게 사고(思考)하기를 배워야 한다.

우리가 부정(不正)한 사고를 가지고, 이 환경에서 벗어날 수 없는 것은, 마치 돈을 가지고 우리의 나갈 길(脫出口)을 '살'수 없는 것과 같다. 왜냐하면, 우리의 잘못된 사고는 그대로 그러한 환경을 창조하기 때문이다. 지금 우리가 말하고 있는 이 '장소'[그것을 나는 막연히 유계(幽界)라 부른다]는 이 지구상에 있다. 아마도 여러분은 흔히 쓰는 '연옥(煉獄)'

이라는 단어가 이와 비슷한 것이 아닌가 하고 생각할지 모른다. 그러나 이 술어는 보다 저급한 유질(幽質) 상태를 표현하는 데만 대단히 적합하다고 생각된다.

보다 높은 유질 상태에 관하여는 모르겠다. 나는 그만큼 유체이탈의 상태가 발달하지 못했었다고 보는 것이다.

영매들은 유계의 계층에 대하여 여러 가지로 설명하고 있다. 어떤 영매들은 층계 운운하지만 그들은 대부분 잘못 알고 있는 것으로 생각된다.

유계를 아는 사람은 아무도 없다. 또한 알 수도 없을 것이다. 그만큼 복잡하기 때문이다. 어떤 때는 진실이던 것이 다른 때는 진실이 아니다. 그러므로 유계는 그만큼 사색하고 논의해야 할 대상이다.

일반적으로 생각하기를 유계는 일곱 계층으로 되어 있다고 한다. 그리하여 많은 유체이탈자들이 주장하기를, 안내자가 있어 그들이 모든 것을 자기들에게 가르쳐 준다고 한다. 그러나 나는 안내자를 한 번도 만나지 못했다.

나의 의식 유체이탈에서는 내가 항상 보아왔던 지상의 것들 밖에는 보지 못했다.

어쨌든 나는 언제나 속세 분위기에서 이탈해 있었으며, 이탈하여 깨보면 실제로 내가 '연옥'이라 부르는 그러한 속세 분위기에 있는 것이었다.

현대 초상주의자들은 오직 영혼은 유계에 머물러 있고, 계속 높은 데로, 즉 보다 높은 계층으로 진보·향상된다고 생각하고 있다.

가톨릭에서는 오랫동안 '연옥'이라는 교리를 고수(固守)해 왔다. 이런 점에서 가톨릭은 다른 어떤 종교보다도 초상주의자들의 교훈에 비교적 가깝다. '연옥'은 단순히 일시적·중간적 상태로서 '죽은 사람의 영들이' 보다 영원한 삶을 준비하는 곳이다.

묘하게도, 가톨릭과 초상주의자들은 똑같이 영혼이 산 사람의 기도에 의해 이 연옥에서 구조(救助)되어질 수 있다고 주장한다.

연옥에서는 유자(幽姿)의 마음이 자기의 존립(存立)상태를 규정한다. 그의 습관과 욕구가 자기의 존립을 구속하는 것이다. 그러므로 유체는 올바른 마음 가짐을 배워야 한다. 사람의 사고가 자기를 다스리기 때문이다.

상념이 유체를 지탱시킨다

유체를 지탱하게 하는 것은 상념(想念)이다. 여러분은 마루가 떠받들기 때문에 유체가 집 마루 위를 걸어간다고 생각할 것이다. 천만의 말씀이다. 결코 그게 아니다. 유체는 마루와는 관계가 없다.

유체는 마루에 전혀 접촉되어 있지 않다. 그런데도 그는 걸어 갈 수 있다. 무엇 때문일까? 순전히 그의 상념이 그를 떠받들고 있기 때문이다.

그는 육체로 있을 때, 언제나 마루 위를 걸어 다녔다. 그리하여 그때에 익혔던 습관(그 습관이 잠재 의식에 뿌리박혀)으로 그는 떠받쳐지는 것이다. 마루로 걸어 다니던 습관이 유체가 되어서도 그렇게 되도록 하는 것이다.

또한 마루 위를 걷고 싶은 욕구가 그를 떠받쳐 그렇게 되도록 한다. 잠재의식이 몸무게를 결정하여 오르내리고 또 일정한 높이에서 머물도록 하는 것이다.

이러한 모든 것, 즉 어떻게 상념이 창조되며, 유계에서

'현실'이 되게 하는가는 인간에 의해 결코 설명될 수 없는 일이다. 단지 우리는 다음과 같은 것을 생각해 볼 수 있다. 즉, 사람은 무의식적으로 걸어다닌다.

습관에 의하여 잠재의식이 실제 그러한 자세로 육체를 유지시키기 때문이다. 그럴 때, 여러분은 유체적으로 걷는다고 생각하는가? 그것은 유체적으로 걷는 것이 아니라 습관이다. 바꾸어 말하여, 잠재의식의 표출이다.

마찬가지로, 여러분이 유체상태에서 층계를 오르내릴 때 여러분은 실제 계단을 밟고 있지 않다는 것을 모르고 있다. 만일 그런 생각을 한다면 가라앉고 말 것이다.

이 모든 것은 꼭 성경에서의 예수가 물 위를 걸었던 것과 흡사하다. 그의 상념이 자기를 떠받쳤던 것이다. 그러나 그러한 생각을 하다가 멈추었던 베드로는 물 위를 걸어볼려고 해보았으나 가라앉아 버렸다. 예수가 물 위를 걸었다는 것은 추호도 의심할 여지가 없다.

그는 염동작용(부양법)에 의해 육체 상태에서도 그것을 할 수 있었던 것이다. 육체의 닻이 끊겼을 때 상념이 우리의 누구든 떠받들 듯이 예수의 상념은 그를 떠받쳤던 것이다.

마음이 유체 상태에서 얼마나 엉뚱하게 작용하는가를 보여주는 예를 하나 들어 보기로 한다.

일반적으로 우리들은 이 지상 생활에서 길을 건너 갈 때, 자동차를 날쌔게 잘 피한다. 우리는 길을 건너가기 전에 좌우를 둘러 보고, 다가오는 차가 지나갈 때까지 기다렸다가 가는 것이 습관이 되어 있다.

그런데 내가 유체이탈을 하여 찻길을 건느던 때의 일이었다. 내가 건너 편으로 막 건느려고 하다가, 차가 오는가 어쩌는가를 보려고 멈춰 섰다. 바로 그때 나는 자동차가 나를 치더라도 아프지 않다는 것을 깨달았다. 그후부터 나는 길을 건널 때, 차가 오는가에 대하여 신경을 쓰거나 정지하는 일이 없다.

마찬가지로 사람들은 때때로 다른 사람을 용케 잘 피한다. 사람들이 거리를 걸어가다가 육체 인간을 만나면 무의식적으로 피하게 된다. 반면에 어떤 사람들은 결코 그들과 충돌한다는 생각은 하지 않고 때로는 이승의 인간을 마구 통과해 가기도 한다.

이 모든 것들은, 어떤 경우에(유계에서)는 일어나는 일이 다른 경우에는 일어나지 않는다는 것을 나타내고 있다. 매사가 마음속의 우세한 상념(의식적이든 무의식적이든)에 의해 좌우되고 있는 것이다.

지박령은 많지 않다

지박령은 사람들이 생각하듯 그렇게 많은 것이 아니다. 가장 큰 오류가 사람이 유체이탈을 하면, 자기 주위에 수많은 영들이 있을 것이라고 믿는 것이다. 이것은 그렇지 않다. 왜냐하면, 몇 명 있기는 하지만 그렇게 많지 않기 때문이다. 일반적으로 유체이탈 중에는 영(靈)을 하나도 못보는 경우가 많다.

대부분 그는 자기(낯설긴 하나 친근하기도 한 저승의 이방인인) 자신밖에는 못 본다. 대도시 거리에는 수 백명의 유령들이 뒤섞여 있다고 들었다.

어떤 사람들은 이탈된 후 깨어나기까지 굉장한 간격이 있다고 한다. 이 역시 다른 일이나 마찬가지로 언제나 진실은 아니다. 왜냐하면 '이것이 어떤 때는 진실이지만, 어떤 때는 진실이 아니기' 때문이다.
　어떤 사람이 유체이탈을 하여 어떠한 상황을 경험해 보았다면 그는 유계의 전부가 그런 것이구나 생각할 것이다. 이러한 견해가 무수하기 때문에 유계에 대한 이야기는 정반대인 경우가 허다하다. 뿐만 아니라, 어떤 영매가 보고 듣고 와서 한 이야기를 다른 영매는 부정한다. 그는 다른 상황을 보고 왔기 때문이다. 이런 것은 영혼에 관한 한 진실이다. 어떤 영의 마음은 다른 영의 마음과는 다른 것이다.

귀신을 만나다

　1923년 나의 고향에서 살고 있던 한 남자가 위암으로 죽었다. 이 사람의 부인과 우리 어머니와는 잘 아는 사이였다. 장례를 치른 며칠 후에 우연히 그들과 이야기를 나누게 되었다.
　그 죽은 사람의 부인이 우리 어머니에게 여러 가지를 터놓고 이야기했다. 자기 남편 F의 진정한 성격도 이야기해 주었다. 부인의 말에 따르면 F는 아주 못된 사람이었다.
　죽은 사람에 대하여 들었던 것 중에 무엇인가가 나의 마음 속에서 증오감을 불러일으켰다. 그 부인과 어머니가 이야기하고 있는 것을 옆에서 듣고 있노라니 더욱 그 남자에 대한 분노가 끓어올랐다.
　이 대화는 저녁 7시 반 경에 있었는데, 나는 9시 경에 이미 그 일에 대하여 잊고 있었다. 그날 저녁엔 잠들자 마자 의식이탈을 하게 되었다.
　완전히 초기 단계를 거쳐 바로 혼줄의 활동 범위 내에서 땅에 발을 내려 디고 나는 자유의 몸이 되었다. 몇 발자욱을

걷다가 나는 그 자리에 서서 나의 육체를 돌아다 보았다(사람들은 이러기를 잘 한다).

내 눈에는 불길한 광경, 즉 소름끼치는 광경이 나타났다. F가 미친 사람처럼 서서 나를 노려보고 있었다. 내 생전 그 자가 노려 보던 모습은 잊지 못할 것이다. 그가 복수를 하겠다는 것임을 나는 본능적으로 알았다. 그래서 소름이 끼쳤다. 나는 어찌할 바를 몰랐다.

내가 어떻게 하기도 전에 그는 나한테 덤벼들었다. 우리는 한참 동안 싸웠다. 그가 나보다 우세했다. 그는 온 힘을 다해 나한테 욕을 하며 때렸다. 그의 힘은 나보다 훨씬 강했다. 그러나 그순간 나를 콘트롤하는 힘이 갑자기 나를 육체로 끌어들이는 것을 느낄 수 있었다.

이 힘이 나를 구하러 왔을 때, F의 힘은 한낱 난쟁이의 몸부림처럼 느껴졌다. 나는 매우 강한 힘으로 순각적으로 육체로 환원된 것이다. 이를 의심하는 사람들은 그게 백일몽이었다고 말할 것이다. 그러나 그것은 분명히 현실이었다.

옛날 악마와 만나서 싸웠다는 사람의 이야기는 헛소문이었던가? 그것을 누가 알겠는가? 그를 만났음에 틀림없다. 나는 그들의 글을 읽어보지는 않았지만, 심령문학에 그와 비슷한 또 다른 이야기가 있다고 들었다.

제15장
빙의(憑依)·몽체(夢體)·
투시몽(透視夢)·죽음

1. 빙의 · 몽체 · 투시몽 · 죽음

빙의(憑依)

여기서는 빙의 문제를 다루어 보기로 한다.

떠돌이 영(靈), 즉 연옥에 있는 유체들이 인간들에게 나쁜 영향을 끼칠 수 있느냐 없느냐에 대하여는 초자연주의자들 사이에도 의견이 각각 다르다. 나는 영혼의 빙의(憑依)를 믿고 있는 사람이다.

마음이 올바르면 선령(善靈)들이 이승의 인간들에게 영향을 줄 수 있고, 사람들의 마음이 바르지 못할 때 악령들이 그들에게 영향을 줄 수 있다고 하는 초자연주의자나 신비주의자들의 주장은 실로 모순이다.

현대 과학은 소위 빙의됐다는 환자들에 대해 전부가 실로 적당한 치료를 받아야 하는 단순한 심신증(心身症) 환자들이라고 주장하면서 빙의령에 관한 학설을 긍정적으로 받아들이지 않고 있다. 그러나 경험있는 초자연주의자들은 분명히 빙의된 환자들이라고 밖에는 설명할 수 없는 신체적 증상이 있고, 또 저급령(低級靈)에 의하여 실제 빙의된 예도 있다는 것을 알고 있다.

윌리엄이 제임스 교수와 같은 권위있는 심리학자는 죽기

제15장 빙의(憑依)·몽체(夢體)·투시몽(透視夢)·죽음   237

직전에 이렇게 말했다.
 "구체적 경험에 입각한 대다수 인간의 전통에도 불구하고, 현대 문명이 빙의를 하나의 가설(假說)로서 다루기를 거부함은 나에겐 언제나 유행세(流行勢)의 진기한 본보기같이 생각된다…… 마귀설이 다시 득세하리라는 것이 내 생각으로는 명약관화(明若觀火)하다……"
 하이스럽(J. H. Hyslop) 교수는 그의 저서《사후(死後)의 생명》에서 이렇게 말했다.
 "나는 이런 환자의 설명을 신약성서에서 말했듯이 빙의, 즉 마귀가 붙은 것이라 주장했다. 나는 이 학설을 받아들이기 까지는 10년이라는 세월과 싸웠다……. 부모의 난폭했던 행위로 말미암아 다중(多重)인격이 된 정신분열 환자가 생겼다. 의사들은 그를 불치(不治)라고 간주, 정신 병원에서 죽을 것이라고 확신했다. 편집병(偏執病) 및 조발성치매증(早發性痴呆症) 등 여러 가지로 진단되었으나, 목사의 인내와 배려로 치료되어 이 소녀는 완전히 건강한 사람이 되어 커다란 양계장을 경영하고 양계협회 부회장을 지내며, 그 협회를 지성과 냉철로써 주재(主宰)했다…… 그런데 그녀가 치료를 받을 때 영매와의 실험에서 그녀에게 영향을 주었던 심령(心靈) 현상들이 밝혀짐으로써, 영이 빙의된 실례인 것이 드러났다. 그후부터 영매직(職)은 마귀 빙의의 재발(再發)을 방지하기 위한 수단으로서 발전하기 시작했다.……그러한 환자들이 주는 주요 흥미거리는 의학계에의 혁명적 영향이다. 편집병으로 진단을 받은 수천 명의 환자가 이러한 유(類)의 검진과 치료로 나을 수 있는 것이다. 바야흐로 의학계가 각성하여 무엇인가를 배울 때이다."
 내가 이 책의 처음 부분인 '89호 환자(이중감각과 빙의 제하(題下)'에서 우리는 이상한 빙의의 실례를 보았다.

만일 성경이 진실한 것이라면 그리스도 자신은 악령 빙의를 신봉하는 옹호자임을 나타내고 있다. 그는 적지 않은 예에서 환자들로부터 '마귀를 쫓아 내는' 능력을 보였기 때문이다.

성(聖) 바오로 역시 선령(善靈)은 물론 악령이 이승의 인간들에게 영향을 준다고 믿었다.

어떤 영들은 의도적으로 빙의하는가 하면, 어떤 영들은 모르고서 그렇게 되기도 한다.

물론 지상의 사람들에게 빙의하는 영들은 연옥에 있는 영들이다.

빙의에 관하여 발표된 책에는 고드프리 러퍼트(J. Godfrey Raupert)의 《스피리츄얼리즘의 위험》, 《현대 신령주의》, 피블(Peebles) 박사의 《빙의령》, 《제(諸)시대의 마귀 신앙》, 카슨(C. H. Carson) 박사의 팜프렛 《빙의》, 칼 위클랜드(Carl Wickland) 박사의 《사자(死者)와의 30년》 등이 있다.

심리학자들은 이중인격이나 다중(多重)인격 환자들까지도 모두 피험자 자신의 정신 분열, 즉 '분리'라고 하는 반면, 많은 저명한 초자연주의자들은 그러한 환자들에게 단순히 영이 빙의된 예가 많다고 주장한다.

나의 판단으로는 초자연주의자들이 주장하는 이론이 유리하다고 본다. 그들은 외부(外部) 의식이 어디에서 오는가에 대한 설명에 논리성을 가지고 있으며, 또 그 의식이 어디서 나오는가를 보여줄 수 있기 때문이다. 그러나 심리학자들은 언제나 이 2차(二次)의식이 어떻게 해서 나오는가에 대해 만족스러운 해명을 주지 못하는 것 같다.

물론, 우리는 소위 '빙의'라는 것이 모두가 반드시 영에 의한 빙의가 아니라, 피험자 자신의 정신이 어떤 경우 자기에게 붙는 경우도 있다는 것을 알고 있다.

몽체(夢體)에서의 미래사 발생

어떤 사람이 일단 육체로부터 이탈되어 영계(靈界), 즉 유계(幽界)로 들어가면 그는 곧 과거도 미래도 볼 수 있는 능력이 생겨난다는 것이 널리 알려진 통설이다. 그러나 나의 의식 이탈에서 보면 바로 내가 이 글을 쓰고 있는 것과 같이 현재만이 보였다(그러나 과거는 기억이 났다).

사람들은 영계의 어디엔가에 이제까지의 언행(言行)이 낱낱이 기록되어 있어서 어떤 상황에서는 이 기록을 사람이 '읽을' 수 있다고 주장한다.

나는 그러한 것들(소위 아케이식 레코드라는 것)을 의식이 있을 때도 미래를 보지 못했지만, 유계에서 부분 의식이 있는 동안에, 내가 육체계(界)에서는 아직 일어나지 않았던 일들을 경험한 일이 있다. 다음은 내가 몇 년 전에 경험했던 간단한 예이다.

나는 집 현관을 나와서 거리를 걷기 시작하여 학교로 가는 도중에 있는 꿈을 꾸었다. 학교에 가는 길에는 두 갈래 길이 있었다. 하나는 직통길로 주택가를 통해서 가는 것이고, 또 하나는 상가(商街)를 통해서 가는 길이다.

꿈 속에서 내가 거리를 가고 있는데, 누군가가 나를 불렀다. 돌아다 보니 나의 친구가 막 뛰어서 쫓아 오고 있었다. 그는 우리 집에서 한 3마장 떨어진 곳에 살고 있는 같은 반 친구였다.

가다가 보니 앞서 말한 그 두 갈래 길이 나왔다. 나는 주택가로 해서 가는 길로 들어서면서 그 친구 역시 같이 가기를 기대했다. 그러나 그는,

"이리와! 큰 길로 해서 가자! 시간도 많은데."

하고 말했다.

그래서 우리는 상가로 들어서 가다가 어느 상점 문을 들여다 보았더니 거기에는 내 마음에 맞는 양말이 한 켤레 보였다. 그것을 사 가지고 다시 계속 걸어서 학교로 향했다.

공원을 지나다가 이쪽으로 오고 있는 소년을 하나 만났는데, 나는 곧 그를 알아차렸다. 우리가 마주치자 그는 내게로 바싹 다가오더니 내 구두에다 침을 탁 뱉더니 인상을 쓰면서,

"테, 헤——"

하더니 막 도망쳐 버렸다. 사실 이 소년은 장나꾸러기였다.

그 곳에서 학교 건물까지는 불과 얼마 되지 않았다. 우리들이 학교를 향하여 걸어감에 따라 나는 점점 의식이 깨어 오는 것 같았다.

완전히 의식이 깨어 오기도 전에, 나는 내가 실제로 이 공원을 걸어가고 있다는 것을 알았다. 그러나 사람들은 그 현장에서 살며시 없어지고, 나만이 거기에 유체가 되어 서 있었다.

이 일이 있은 몇 주일 후에, 실제로 나에게 그와 같은 일이 일어났다. 모든 것이 꿈속에서 일어났던 순서대로 일어난 것이다.

나는 학교로 가려고 집을 떠났다. 나의 친구가 나를 불렀다. 우리는 두 갈래 길에 이르렀다. 나는 상가 쪽으로 가자는

데 설복당했다.

우리는 공원을 지나가다가(꿈에서 본 대로) 그 소년을 만났다. 그가 나한테로 다가 오자 나도 나의 친구에게,

"저 놈이 내 구두에다 침을 뱉을 꺼다."

라고 말했다. 그는 정말 내 구두에 침을 탁 뱉고는,

"테, 헤──"

하고는 쏜살같이 도망쳐버렸다.

이것으로부터 여러분은 유체가 육체계에서 아직(수주일후까지) 일어나지 않은 일을 예고했다는 것을 알 수 있을 것이다.

여기에서 예를 하나 더 들어 보자.

1927년 봄, 나는 어느날 저녁 유체가 되어 의식을 깨 보니, 나로서는 처음 가보는 곳, 즉 아주 매혹적인 어느 공원에 와 있었다.

나는 주위를 둘러보아, 그 곳의 특색을 보아 두고, 그 곳의 일반적인 장면은 물론, 여러 가지 특징도 눈여겨 두었었다. 나는 특히 암벽(岩壁)과 시냇물 사이에 걸려 있는 두개의 조그마한 다리를 눈여겨 보았다.

나의 기억으로 이러한 곳이라고는 생전에 와 본 일이 없을 뿐더러 그런 곳이라고는 아는 데도 없었다.

그런데 두 달 후, 나는 친구와 함께 여행을 가게 되었는데, 집에서 약 15마일 떨어진 어떤 시내에 있는 공원에 우연히 들어가 보니, 그 곳이 바로 내가 전에 유체로 가 보았던 바로 그 곳이었다.

많은 투시 꿈은 유체이탈로 오해된다

여러분은 몽체(夢體)가 모든 꿈을 실연(實演)한다고 믿는 사람들 한테 속지말라. 그렇지 않는 것이다.

유체는 꿈꿀 때마다 이탈하여 그 꿈을 실연한다고 생각하는 사람들이 많은데, 사실 유체는 어떠한 꿈들에 반응조차 않는다. 꼼짝 않고 가만히 누워 있는 것이다.

유체와 육체가 결합하여 있을 때 사람들이 꿈을 꾸면 유체 쪽엔 아무런 행위도 없을 수 있다. 바꾸어 말하면, 유체가 육체와 결합하고 있을 때 꿈을 꾸면 그 결과로 생기는 육체의 행위(육체 몽유)는 있을 수 있다.

반면에, 유체가 평온대에서 꼼짝 않고 있을 때, 사람들은 꿈을 꿀 수 있다. 또는 꿈을 꾸어 유체 상태에서 그 꿈을 실연할 수도 있다.

다시 말해, 사람들은 꿈을 꾸어 가지고 유체를 이탈하여, 실제 그 현장에서 꿈을 상연할 수도 있고, 혹은 사람들이 동일한 꿈을 꾸어 가지고 유체가 육체 가까이에서 꿈을 실연할 수도(마음이 환경을 창조하므로) 있고, 그것이 바로 현실에서 나타난 그대로 먼데 있는 현장에 가서 실연될 수도 있다.

투시자가 실제로 이탈해 가지 않고서 먼데서 일어나는 일을 투시하는 것처럼, 사람들은 이탈하지 않고 어떤 먼 곳에서 일어나고 있는 사건들을 꿈으로 볼 수도 있다.

이러한 꿈을 사람들은 유체이탈로 오해하는 수가 많다. 그 결과 틀림없이 전혀 유체이탈이 아닌 유체이탈을, 실례라고 발표하는 글도 많이 있다. 이러한 타입의 흥미있는 예가 S.P.R(영국심령연구협회)에 의해 사실로서 기록된 내용들이다.

꿈의식은 참의식이 아니다

제15장 빙의(憑依)·몽체(夢體)·투시몽(透視夢)·죽음

우리는 참의식 아닌 꿈의식이 있음을 알고 있다. 많은 '유체이탈 경험자'들은 단지 피험자가 꿈의식 상태에 있었던 것을 기록해 놓고 있다. 그리하여 많은 사람들(유체이탈을 했던 사람들까지도)이 이것이 그때의 유일한 의식이라고 믿고 있는 것이다.

진실로 의식이탈을 했다고 하는 사람들의 설명에 다소의 환상적 성질이 가미되는 것은 이 때문이다.

우리는 이 점을 이해해야 한다. 즉, 꿈의식이 존재하는데, 피험자가 참의식이 있을 때 보게 되는 바로 그것을 꿈의식 속에서도 보기는 하나, 거기에는 다소간 환상이 개재되는 것이다. 이런 따위의 경험은 나도 책으로 쓸 수 있지만, 이런 것들이 유체이탈이라고 어떻게 자신하겠는가?

투시(透視) 꿈에서 피험자는 이 지상의 다른 곳에서 일어나고 있는 어떤 장면이나 사건을 투시할 수 있으므로 자기가 그 곳으로 실제 이탈해 갔었다고 믿는 것은 사실이다. 많은 연구가들이 이것을 진실로 알고 있다. 나도 그것은 진실이라 알고 있었다.

또 사람들은 자기 꿈 속에서 보다 천상계(天上界)에서 일어나고 있는 어떤 장면이나 사건을 볼 수가 있어서, 실제로 이탈을 하지 않았는 데도 그러한 영계로 자기가 이탈해 갔었다고 생각한다.

사실 이것은 자기들이 보다 높은 상층 영계에 가 보았다고 주장하는 사람들이 '영계 생활'에 관해 많은 지식을 얻었다는 방법이다. 그러나 그들은 그러한 세계로 실제 유체 이탈해 갔던 것이 아니다.

많은 사람들이 단순히 투시 꿈속에서 그 곳을 가 보고서 먼 지상의 어떤 곳으로 유체이탈을 했었다고 믿는 것과 같이 (투시꿈의 명료한 현실성때문에), 자기들이 이탈을 했었던 것이라고 믿고 있다.

이것을 기억하는 것이 중요하다. 즉, 수면중 우리는 이탈을 하지 않고도 먼 나라의 광경과 사건을 자주 보는 수가 있다. 그러므로 우리가 실제 유체이탈을 하여 영계에 갔다 왔다고 생각하는 것이다. 그러나 이것은 실제적인 의식 유체이탈이 아니다.

그것이 유체의식과 혼동되지 않아야 되는 것은, 그것이(동일한 의식인) 유체의식과 혼동되지 않음과 똑같다. 전혀 비교가 안되는 것이다. 한 쪽은 꿈이고, 다른 한 쪽은 참의식의 상태인 것이다.

진정한 의식이탈을 해본 사람이면, 아무도 투시 꿈이 의식이탈이라고는 믿지 않는다. 또한 한편으로 진정한 의식 이탈을 경험해 본 사람이면, 누구나 참의식이 꿈의식과 혼동되어질 수 없다는 것을 알게 된다.

죽음은 단순한 영구이탈일 뿐이다

유체이탈 연구로부터 우리는 이제, 임종시의 그 '떠나감'에 대하여 올바로 생각해 보아야겠다. 결국 죽음은 그 사람이 자기 육체에로 다시 돌아와 살지 않는 단순한 영구이탈(유체이탈)일 뿐이기 때문이다.

물론 죽음은 대부분 무의식이다. 배일리 박사는 말하기를, "내가 관찰한 모든 죽음에서 볼 때, 나는 우리가 이 세상으로 올 때처럼 갈 때에도 우리가 알지 못하도록 하느님이 배려하신 것 같다."

제15장 빙의(憑依)·몽체(夢體)·투시몽(透視夢)·죽음

그리고 덧붙여 말하기를,

"내가 경험한 바로는 50예(例) 중 그와 반대되는 예는 한 번도 못 보았다."

고 했다.

그러나 죽은 마지막 순간까지 의식이 지탱했던 예외적인 예가 더러 있다. 벤자민 브로디 경 등은 그러한 예를 기록으로 남겼었다. 하이스럼 교수는 《S.P.R회지》(1988년 6월호)에서 '죽음의 의식'에 대하여 귀중한 글을 쓰고 있다. 그는 사람이 죽을 때의 의식은 꺼지는 것이 아니라 단순히 빠져나가는 것이라고 주장했다.

사람들은 자기가 잠잘 때 죽음이 와서 횡사(橫死)하지 않으면 참으로 다행이라고 생각할 것이다. 횡사, 즉 격렬한 죽음은 의식에 커다란 충격을 주어 잠재의식에 '스트레스'를 심어 놓는다.

이 책에서 인용된 몇 가지 예에서 이미 본 바와 같이, 횡사자는 반정신 이상과 같은 상태가 되어 지상(地上)에 얽매인다〔그 격렬한 스트레스가 잠재의식에 들어가서 지박령이 되어 자주 나타나며, 때로는 남한테 빙의하기도 한다는 것도 이미 말했다〕.

그러나 영구이탈(죽음)과 일시이탈은 성질에 있어서 유사하다고 본다. 그렇지만 어떤 두 가지 간의 '떠나감'이 조금의 차이도 없이 똑같지는 않은 것이다. 어떤 사람은 의식이 있는 채 육체를 빠져나갈 것이다.

또 어떤 사람들은 부분의식 상태에서 떠나 갈 것이요, 대다수는 틀림없이 전혀 의식이 없는 채 자기들의 육체를 떠날 것이기 때문이다.

F·딸베 교수는 이렇게 말한 바가 있다.

"40억이라는 인간들이 죽음이 무엇인가를 정확히 모르면서 그 죽음에로 돌진해 가고 있다. 그러면서도 그들은 자기들의 삶을 대체로 기쁘고 즐거운 것으로 생각하고 있다는 것은 이상하고도 알 수 없는 일이다. 매년 약 6천만명의 시체가 흙으로 돌아가고 있다. 수 백만 톤의 살과 피와 뼈가 인류에게 공헌함이 없이 버려지고, 점차 다른 물질로 바뀌고 있는데, 자세히는 몰라도 다른 형태의 생명이 되겠지."

죽음이란 개체의 완전 소멸을 의미한다고 주장하는 것은 유물론자들이요, 죽음이란 단지 보다 큰 생활에의 시작이라고 주장하는 것은 초자연주의자들이다. 이 두 가지 주장 사이에는 허구 많은 의식(儀式), 종교 및 교리(敎理)가 있으되, 그들의 대부분은 죽음이 인류에게 부여된 '저주'(咀呪)라고 보고 있다.

그러나 사실상, 저주할 것은 죽음이 아니라 삶이다. 고통과 고난을 겪으며 사는 것이 인류에게 부여된 저주가 아닐까?

"오, 죽음이여! 그대의 고통은 어디 갔느뇨?"
"오, 무덤이여! 그대의 승리는 어디 갔느뇨?"
이것은 스토아 학파의 철학이다.

나로서는 진정 삶이 저주스런 것이라고 본다. 삶이 존재한다는 것이 유감이다.

제16장
결론

1. 누구나 이탈할 능력을 갖고 있다

마취 수면중의 이탈

우리는 이제까지 주로 자연적인 수면 중에 일어나는 유체이탈에 대하여 언급했다. 여기서는 마취 수면 중에 일어나는 이탈에 대해 이야기하기로 한다.

마취 수면중에서 일어났던 흥미로운 이탈 경험담은 죠오지 와일드 박사가 쓴 《접신론(接神論)》이란 책에 있다.

그는 대수롭지 않은 신장결석증의 통증을 가라앉히기 위해 클로로포름(마취약)을 흡입(吸入)하고 있다가 깜짝 놀랐다.

자기가 옷을 입은 채, 정상적인 판단력을 가지고 약 2야드쯤 떨어져 서서, 침대 위에 꼼짝 않고 누워 있는 자신의 육체를 보았기 때문이었다.

H.E.한트는 마취 수면중 유체이탈을 했던 사람들의 증거를 수집한 뒤, 다음과 같이 말했다.

"그들이 하는 이야기들은 본질적으로는 똑같았다. 만일 그들이 모두 거짓말을 하고 있다고, 한층 놀라웁게도 그들이 똑같은 거짓말을 하고 있다고 우리가 독단적으로 생각하지 않는다면, 그들이 하는 말이 진실이라고 생각하는 것은 온당

할 수밖에 없다."

그 중, 어떤 사람은 자기의 육체를 수술하고 있는 것을 지켜 보았었는데, (마치 셋방 사는 사람이 그 집을 수리하고 있는 동안 잠시 나가 있듯이) 그 방 위에서 내려다 보고 있으면서 배설해 내는 것을 낱낱이 보고 들어, 전부 기억하고 있었다는 것은 필자로 하여금 그것이 틀림없다고 생각케 했다.

J.아아더 힐은 《인간은 영(靈)이다》라는 책에서 17세의 힌튼 양(孃)이 이(齒)를 빼기 위하여 클로로포름 마취를 시켰던 이야기를 쓰고 있다.

그녀의 의식 회복이 지연되어 대단히들 당황하고 있었는데, 그녀는 깨어나서 이렇게 말했다는 것이다.

"내가 육체의 윗쪽에 있었는데, 나의 주위에 서 있던 여러 사람들에게 아무리 이야기를 해 보아도 알아듣지를 못했습니다. 내가 죽었다면 왜 심판을 받지 않는가 하고 이상하게 생각했습니다."

결국 이러한 경험들은, 자연 수면중의 이탈 외에 마취제 사용을 통한 의학적 실험 범위가 넓다는 것을 보여 준다.

기타의 방법도 있다

나는 이제까지 내가 터득한 방법만을 설명했다.

내가 잘은 모르지만, 다른 사람들이 가지고 있는 어떤 방법도 있으리라고 본다. 이러한 예로서, 신비적 성향이 있는 사람들이 가입하고 있는 '형이상학회(形而上學會)'라는 것이 있다고 들었다.

그들이 '내적(內的)인 세계'라 할 수 있는 경지에 들어가려면(그들 주장으로는) 필히 탈육체(脫肉體)하여, 영계를 방문해 거기서 직접 정보를 얻어 올 비밀 교시(教示)를 받게 된다는 것이다.

그러한 단체에서는 어떠한 방법이 쓰이고 있으며, 그 회원들이 얼마나 성공하고 있는지 모르겠다.

이 학회와는 별도로 몇몇 사람들은 유체이탈할 수 있는 신비적 지식을 가지고 있다고 주장한다. 그들의 방법이 나의 방법과 같은 것인지 어쩐지는 모르겠다(그러나 그들이 되는 것은 틀림없다고 나는 믿는다).

예언(豫言)

우리는 유체가 우주를 유람하는 법을 알았다. 이제 나는 무엇인가 영묘한 방법을 마스트하면 우리는 누구나가 다 유체가 할 수 있는 것과 같이, 육체적으로 우주를(그것도) 자동적으로 또한 마음대로 돌아다닐 수 있을 때가 머지 않다고 본다.

또 우리는 공기선(空氣船)을 틀림없이 갖게 된다. 또한 우리가 우주를 자동적으로 돌아다닐 수 있기 까지 물질 형태의 교통 수단은 완전치 못할 것이다. 장차는 육체가 중력을 극복하고 충동력(衝動力)을 이용하도록 될 때까지 많은 발전이 있기를 기대하는 바이다.

누구나 이탈의 힘은 갖고 있다

유체이탈은 소수의 특정인에게만 주어진 재능이 아니다. 산 사람이면 누구나 하고 싶으면 할 수 있는 잠재적인 힘이므로 적당히 조절만 하면 된다.

흔히 유체이탈 할 수 있는 사람은, 다른 사람과는 틀리는 아주 비상한 유체적 소질을 가지고 태어난 사람이라는 생각이 널리 퍼져 있는데, 내가 분명히 해 두는 것은 육체는 유체와 똑같이 이탈현상에서 중요 역할을 하며, 일반적으로 비상(非常)함이란 육체에서나 존재하지 유체에서는 존재하지 않는다는 것이다.

도덕에 관하여

나는 도덕 문제에 대해 설교하고 싶지 않지만, 한번 더 지적해 두고 싶은 것은(어느 시대에서나 지적되어 왔던 것이지만), 우리는 정직하고 착하게 살려고 노력해야 된다는 것이다.

우리의 올바른 생각을 잘 이끌어 가면서 남을 나쁘게 생각지 않는다는 것은 매우 중요하다. 왜냐하면, 바로 우리의 생각이 우리 주위의 유체환경을 조성하기 때문이다.

내가 '귀신을 만났던 일'을 다시 한 번 생각해 보자.

그것은 내가 언급했던 그 사람을 악하게 생각했던 것만으로 초래된 것이었다. 특히 여러분이 유체이탈을 해보려고 한다면, 나는 공자의 경고 말씀에 유의하라고 역설하겠다.

"악을 행하지 말며, 악을 듣지 말며, 악을 보지 말라!"

만일 그렇지 않으면, 여러분은 온 주위가 적(敵)으로 들끓는다고 생각하게 되는 경험을 하게 될 것이다.

결 론

한번 당신들이 유체이탈 경험을 해 보면, 사람이 자기의 육체를 떠나서 존재할 수 있다는 것을 더 이상 의심하지 않게 되고, 더 이상 여러 가지 주장들을 받아들이도록 강요되지도 않으리라.

더 이상 당신의 영혼불멸에의 신앙이 영매나, 목사나, 성경에 의존하도록 강요되지도 않으리라.

왜냐하면 당신들은 당신 자신이 직접 증거를 가질 것이기 때문이다. 그것은 마치 당신들이 육체적으로 살고 있다는 사실처럼 확실하고 자명(自明)하기 때문이다.

나로서는 설사 영혼불멸에 관한 서적이 결코 쓰여진 일이 없고, 설사 '사후존속(死後存續)'에 대한 강연이 행하여진 일이 없고, 설사 내가 교령회를 목격한 일이거나 영매를 방문한 일이 없다 하더라도 나는 한결같이 내가 영원불멸이라는 것을 절대로 믿을 것이다.

왜냐하면 나는 유체이탈을 경험했기 때문이다.

세계적인 심령연구가들이 공개하는 영혼과 4차원 세계의 비밀!

"
나의 전생은 누구인가?
사후에는 무엇으로 환생할 것인가?
저승세계는 과연 어디쯤에 있을까?
죽음은 끝이 아니라 저승에서의 시작인가?
이 끝없는 의문에 대한 명쾌한
답이 이 책속에 있다.
"

지자경 / 차길진 / 안동민 저

전9권

업1권 전생인연의 비밀
업2권 사후세계의 비밀
업3권 심령치료의 기적
업4권 내가 본 저승세계
업5권 영계에서 온 편지
업6권 영혼의 목소리
업7권 전생이야기
업8권 빙의령이야기
업9권 살아있는 조상령들

★ 전국 유명서점 공급중

세계적인 초능력·영능력자들이 집필한 초·영능력개발 비법!

초능력과 영능력개발법

전3권

모토야먀 히로시/와타나베/루스베르티/ 저

초능력과 영능력은
특별한 사람에게만 주어지는것은 아니다.
영능력의 존재를 알고 익히면
당시도 초능력자가 될 수 있다.

영혼과 전생이야기

전3권

안동민 / 편저

인간은 죽으면 어떻게 되는가?
전생을 볼 수 있는 원리는 무엇인가?
당신의 전생은 누구인가?
사후에는 무엇으로 환생할 것인가?

★ 전국 유명서점 공급중

이 책을 펼치는 순간 당신의 운명이 바뀐다!!

세계적인 심령능력가 안동민 / 저

업장소멸 (전6권)

전생과 이승에서의 업장을 어떻게 풀 것인가?
이런 사람들은 지금 운명을 바꿔라

왜 돈 많은 집에서 태어나는 사람도 있는데, 그렇게 노력해도 가난에서 헤어나지 못하는가?

왜 평생 병이라는 것을 모르는 사람이 있는데 왜 나는 온갖 병을 짊어지고 살아야 하는가?

왜 세상에는 성공하는 사람, 실패하는 사람이 따로 있는가?

왜 남들은 결혼하여 행복을 누리는데 왜 나는 출산을 못하는가?

왜 남들은 일류대학이나 직장을 가는데 왜 나는 낙방만 하는가?

➤ 이 책은 당신은 누구인가? 또 사후에는 무엇으로 환생할 것인가에 대한 끝없는 의문을 명쾌하게 풀어준다.

➤ 최초로 공개되는 저승에서 보내온 S그룹 회장님의 메시지!

➤ 심령학자가 본 화성연쇄살인사건과 미국판 화성연쇄살인사건의 진상과 그 범인은 누구인가?

사업을 성공시키는 비법, 라이벌이나 원수를 주술로서 제거시키는 비법공개!

★ **전국 유명서점 공급중**

제1권 심령문답편
제2권 업장소멸편
제3권 악령의 세계편
제4권 원혼의 세계편
제5권 비전의 주술편
제6권 업장완결편

세계적인 심령연구가들이 체험한 사후의 세계! 그 베일을 벗긴다!

전20권

영혼과 4차원세계
심령과학시리즈

★ **전국 유명서점 공급중**

1권 심령과학
2권 영혼과 4차원세계
3권 악령의 세계 ⓢ
4권 악령의 세계 ⓗ
5권 사후의 생명
6권 유체이탈
7권 저승에서 온 아내의 편지
8권 악령을 쫓는 비법
9권 육감의 세계 ⓢ
10권 육감의 세계 ⓗ

11권 기적과 예언
12권 나는 영계를 보고 왔다
13권 사자(死者)는 살아있다
14권 심령진단
15권 심령치료
16권 전생요법
17권 자살자가 본 사후세계
18권 윤회체험
19권 저승을 다녀온 사람들
20권 경이의 심령수

역자 약력

1934년 서울에서 출생
동국대학교 문리대 졸업

주요 역서

「탈무드의 웃음」「하느님이 듣는 기도법」「아문젠」
「사이튼 동물기」 등

중판발행 : 2017년 1월 15일

발행처 : 서음미디어
등 록 : No 7—0851호
서울시 동대문구 난계로28길 69-4
Tel (02) 2253—5292
Fax (02) 2253—5295

저자 | 실반 멀두운
역자 | 김 봉 주
발행인 | 이 관 희
본문편집 | 은종기획
표지 일러스트
Juya printing & Design

ISBN 978-89-91896-46-8

*이 책은 저작권법에 의해 보호를 받는 저작물이므로 무단 전제나 복제를 금합니다.